NF文庫
ノンフィクション

復刻版 日本軍教本シリーズ

「山嶽地帯行動ノ参考　秘」

潮書房光人新社

本土での山岳戦を想定か

——「山嶽地帯行動ノ参考　秘」を読んで

登山家　野口　健

今から約一二〇年前の明治三十五（一九〇二）年一月、青森県八甲田山で雪中行軍中の陸軍第八師団の部隊（歩兵第五連隊）は「二一〇人中一九九人が死亡する」という史上最悪の山岳遭難事故を起こした。一方、同じ時期に別ルートで同様の訓練を行った部隊の三七人は全員が無事、帰還している。

二つの部隊は準備や装備面が、まるで違っていた。無事だった部隊は全員が保温性の高い「ウール」の軍服を身に着け、靴の中の足を油紙でくるんだり、血行を良くするトウガラシを入れたりした。携行した食糧（おにぎりや餅）も濡れないような対策を施し、案内役として山の地形に精通している地元の人間を雇っていた。こまめに休憩を取っていたことも大きい。

一方、全滅に近い犠牲を出した部隊の兵隊は、濡れると冷たくなって体温が奪われる「木綿」の軍服だった。何ら対策をしていなかったおにぎりは凍って食べられず、指揮系統にも乱れが生じていた。適切なガイド役もおらず、八〇キロもの重さのソリを人力で曳くなどの無理もあった。

「三七人対二一〇人」という部隊の人数の差も〝落とし穴〟になった可能性がある。人数が多いと「これだけ一緒にいるのだから」と安心（過信）しがちだが、寒さで思考に障害が生じたりして、いざ混乱状況に陥ると、それぞれがバラバラに勝手な行動を取ってしまうリスクがある。実際、ヒマラヤや北海道でも、そうした状況下で大量遭難事故が起きたことがあった。少人数の部隊はその分、統制が取りやすかっただろう。

僕が学生のころには、先輩からよく「八甲田の教訓に学べ」と言われたものである。悪天候下のヒマラヤ・マナスルで頂上へのアタックの是非に対し、シェルパと意見が対立したときも「日本人は八甲田に学んだんだ」と言って説得したことがあった。南極へ行ったときも、八甲田で無事だった部隊を参考にして靴の中にトウガラシを入れたりしたし、下着類はウールでそろえ、夏山であっても必ず下着の着替えは持ってゆく。

だが、日本軍の場合はどうだったか。過去の失敗（八甲田の遭難事故）にどれだけ学んだのか？　とかく精神論が幅を効かし、科学的根拠に欠ける〝希望的観測〟とやらに頼って膨大な犠牲を生んだ。ノモンハン事件、ガダルカナル島戦、インパール作戦などなど……。攻め一辺倒で守りや補給を軽視し、無謀な作戦を強行したのではなかったか。

一方、本書を読むと、そうした「精神論」が排除され、富士山や信州の高山での実際の訓練結果によるデータを基にした山岳戦への準備、装備、行動、衛生面の注意などが細かに記されている。その内容は現在の〝山屋の常識〟とも大きなズレはない。例えば、「雪渓通過にあたってはまず若干名の作業班を先行させ……」とある。これは雪崩のリスクやクレバスへの落下を回避するために必須の対策だ。平成二十九年に栃木県那須のスキー場でトレーニング中の高校生の山岳部員らが雪崩に巻き込まれ、八人が犠牲になった事故も、こうした準備をしっかりとしていれば防げたかもしれない。

5　本土での山岳戦を想定か

本書に関して、ここからは僕の勝手な想像になるが、編纂時期（昭和十八年夏）にはすでに戦況は悪化の一途をたどっており、軍首脳の頭には「本土決戦」のことがちらついていたのではないか。実際その後、長野県の山中（松代）に皇居や大本営、政府機関を移す計画が進められることになるから、理屈は合う。その際の山岳戦を想定して、本書を編んだのではなかったのか。

というのも、本土決戦となればもう後がない。「外地」での戦いとは違い、〝王手をかけられた〟上での最後の決戦である。だからこそ、それまでは過去の失敗など「なかったこと」にしていた軍が、最後の最後になって初めて、本気でデータを検証したのではないか。

もしそうであれば、遅すぎたと言わざるを得ない。最初からこうした実証にもとづく戦略をとっていれば結果は違っていた、と思うのは僕だけだろうか。

野口健（のぐち・けん）
登山家。一九七三年、米ボストン生まれ。亜細亜大卒。二五歳で七大陸最高峰最年少登頂の世界記録を達成（当時）。エベレスト・富士山の清掃登山、地球温暖化問題など、幅広いジャンルで活躍。著書に『落ちこぼれてエベレスト』『父子で考えた「自分の道」の見つけ方』など。

編者まえがき

「山嶽地帯行動ノ参考」は昭和十九年一月に教育総監部が刊行した図書で、内容は山嶽地帯における軍隊の行動について、陸軍戸山学校が中心となって陸軍諸学校が実験した成果をまとめたものである。機秘密区分は単に「秘」であるから、高度な極秘図書というわけではない。本書を入手したのは平成二十二年四月であったが、今までに見たことも聞いたこともないし、どの図書館にも収蔵されていないようだった。

編者の研究分野にはあまり関係がないので、入手以来手にとることもなかったが、今回あらためて見てみると内容は専門的で、他の教範類には見られない事項がほとんどで、興味深い資料であることが分かった。横九センチ、縦一二・八センチ、本文一一八ページ、付表一二点からなる小冊子だが、印刷はきれいで誤植は一箇所もない。

図表は非常に精緻で丁寧に作られている。写真はないが文中の図版がよく特徴を捉えている。

陸軍戸山学校といえば軍楽隊が有名だが、軍刀の試し斬りなどもやっていた。体操の研究もしていたので、本書の目的である山嶽地帯の行動について他の実施学校に率先して実験に携わったのであろう。

本書は山嶽地帯での戦闘の仕方について指導するものではなく、山嶽地帯を行軍する際の様々な注意事項を述べたものであって、いわば軍隊による登山の指南書といえよう。記述は淡々と事実を記録し、陸軍の精神主義的記述はほとんど見られないのが大きな特徴である。その点からは今日の登山家や一般の愛好家にも安心して一読を薦めたい。

本書の末尾に挿入されている「信州駒ケ嶽付近演習経過要図」から演習の経過をたどると、演習開始は昭和十八年八月五日、終了は八月八日、全行程は駄馬部隊が赤穂—駒ケ岳—伊那町の六〇キロ余り、徒歩部隊は赤穂—中御所谷—濃ヶ池—大樽小屋—菅平—七曲—伊那町の七六キロ余り、参加部隊は陸軍戸山学校、歩兵学校、習志野学校、野戦砲兵学校、工兵学校、防空学校、通信学校、輜重兵学校であった。

この書にいう山嶽とはどこの山嶽を指しているか。外国の山嶽地帯とは限らず、国内の山岳地帯も含むと見るべきであろう。昭和十八年の夏頃はまだ本土決戦が叫ばれていたわけではないが、軍部は本土決戦に対する準備の必要を考えていたのではないか。結局本土決戦はなかったが、本書がどこかで山嶽戦の役に立ったかどうかは分からない。

今般本書を復刻することになったので、原書をそのままスキャンして全ページを復刻し、さらに本文を現代文に置き換え、難解な専門用語には解説を加えて理解しやすくした。唯一つ「過滷症」という病名がどういうものか、最後まで分からなかった。原書のスキャンと現代文の二本立てになっているので、まず原書をひもとき、不明な箇所があったら現代文を参照してもらいたい。

今回の企画は光人社ＮＦ文庫の小野塚氏から提案があったもので、一つの新しい路線として今後の進展を願っている。デジタル全盛の世となって復刻とは時代遅れと言われそうだが、やはり本となってこそ伝わるものがあると思う。本書は「山嶽地帯行動ノ参考」という小冊子が残っていたからこそ再現することができたのである。

二〇二四年二月

佐山二郎

復刻版　日本軍教本シリーズ

「山嶽地帯行動ノ参考　秘」

―― 目次

復刻版　日本軍教本シリーズ

「山嶽地帯行動ノ参考　秘」

山嶽地帯行動ノ参考

秘

昭和十九年一月　教育総監部

秘

山嶽地帶行動ノ參考

昭和十九年一月
教育總監部

本書ハ曩ニ信州駒ケ嶽其ノ他ニ於テ山嶽地帯ノ行動ニ關シ陸軍戸山學校ヲ主任トシ隷下諸學校等ヲシテ研究セシメラレタル成果中其ノ參考タルベキ事項ヲ急遽輯錄シタルモノニシテ更ニ研究推敲ヲ要スルモノアルベシト雖モ取敢ズ必要ノ部隊ニ配布スルコトトセリ

昭和十九年一月

教育總監部本部長　野田謙吾

山嶽地帶行動ノ參考目次

山嶽地帶行動ノ參考目次終

山嶽地帶行動ノ參考

通則

第一 本書ハ高峻ナル山嶽地帶ニ行動スベキ部隊ヲ對象トシ之ガ訓練及行動ノ爲特ニ必要ナル事項ヲ示スモノトス

第二 高峻ナル山嶽地帶ノ地形、氣象等ハ平地或ハ低山地帶ト全ク趣ヲ異ニス故ニ之ガ克服ニ方リテハ其ノ特異性ヲ十分把握シテ編成、裝備、通過ノ要領等ヲ之ニ適應セシメザルベカラズ蓋シ從來ノ平地、低山地帶等ノ通過ノ經驗ヲ基準トシ漫然高峻ナル山嶽地帶ニ行動センカ豫期セザル各種障碍ニ遭遇シ進退谷マリ行動不能ニ陷リ或ハ危害ヲ被ル等作戰行動ニ齟齬ヲ生ズルコト必然ナレバナリ

第一章 編成、裝備

要則

第三　廣袤大ナル山嶽地帶ノ通過ニ方リテハ山嶽地帶作戰ノ爲特設セル兵團ヲ用フルヲ適當トス然レドモ作戰ノ要求上一般兵團ヲ該作戰ニ任ゼシムル場合ニ於テハ山嶽地帶ノ狀況ニ應ジ必要ナル編成、裝備ノ改變ヲ行ヒ且事前ニ訓練ヲ實施スルコト緊要ナリ

第四　山嶽地帶ニ於テハ通常車輛ノ通過ヲ許サズ馱馬ノ通過亦之ガ施設ニ多大ノ時間ヲ要ス故ニ人員ヲ以テ兵器、器材ヲ負擔シ其ノ密林ヲ啓開シ或ハ斷崖ヲ登降シ或ハ溪流ヲ渡渉スル等ノ場合多シ之ガ爲指揮官以下徒歩ヲ本則トシ車馬ハ必要ノ最小限ニ止メ且人馬ノ携行糧秣量ノ增加ヲ圖ルコト緊要ナリ

第五　山嶽地帶ノ行動ニ方リテハ編成上人員ノ增加ヲ伴フノミナラズ重量物ノ人力運搬用トシテ特殊器材卽チ背負子ノ如キモノノ準備ヲ必要トシ倘

高山（標高二、五〇〇米以上）ハ夏季ト雖モ夜間、風雨ニ際シテハ寒冷ヲ伴フモノナルヲ以テ高度ニ應ズル防寒ノ準備ヲ必要トス

第一節　偵察及進路開設ニ任ズル部隊

第六　偵察ニ任ズル部隊ハ諸兵連合ノ部隊ニ在リテハ必ズ各兵種ヲ以テ編成シ歩兵ノミノ部隊ニ在リテハ重火器部隊ノ人員ヲ含マシムルヲ要ス尚偵察隊ノ編組ニハ通信、氣象、衞生機關等ニ屬スル人員ヲモ加ヘ敵情ト共ニ各兵種ノ通過ニ必要ナル偵察及給水ニ關シ遺憾ナカラシムルヲ要ス

第七　密林、斷崖等特ニ通過困難ナル地形ノ通過ニ際シテハ進路開設ノ爲一部隊ヲ先遣スルコト緊要ナリ其ノ編成、裝備ハ部隊ノ大小、地形ノ難易等ニ依リ異ナルモ歩兵一大隊ノ爲ノ一例第一表ノ如シ

第一表

進路開設隊（班）編成、装備ノ一例

編成		人員	小計	合計	増加装備	任務
隊長		一	二	亖	地圖、夜光羅針、笛	全般ノ指揮
傳令		一				
第一分隊	長	一	一〇		懐中電燈一、夜光羅針一、地圖一、笛一、鎌一	偵察　偵察全般ノ指揮
	第一組	三			十字ぐわ一、登山綱一、円匙一、鎌一、傾針器一、なた一、鋸一、懐中電燈一	進路ノ選定ヲ主トシ併セテ警戒
	第二組	三			なた一、鋸一、綱一、鎌一、懐中電燈一	警戒ヲ主トシ併セテ進路ノ選定
	第三組	三			なた一、鋸一、鎌一、円匙一、懐中電燈一	進路標示ヲ主トシ併セテ開設
	長	一			十字ぐわ一、登山綱一、懐中電燈一、夜光羅針一、傾針器一、地圖一、笛一	開設全般ノ指揮

第二分隊						
第一組	四	三		円匙一、十字ぐわ一、登山綱四、夜光羅針一、懐中電燈一、なた一、鋸一	開設	斷崖地帯ノ進路開設
第二組	四			円匙一、十字ぐわ一、登山綱二、夜光羅針一、なた二、鋸二、懐中電燈一		錯雑地ノ啓開
第三組	三			十字ぐわ一、登山綱二、鋸二、なた二、懐中電燈一、滑車三		資材ノ携行及開設ノ豫備

第二節　歩兵部隊

第八　小銃、輕機關銃、擲彈筒分隊ニ在リテハ負擔量ヲ過度ニ増加セザレバ概ネ普通ノ編成ニテ可ナリ兵ノ負擔力ノ限度ハ部隊ノ任務、兵ノ體力等ニ依リ異ナルモ通常小銃手三五瓩、MW手三六瓩、LG銃手四二瓩(以上ハ彈藥定數、糧秣甲四日、乙一日共ノ他概ネ軍装ニ準ズル場合ノ負擔量トス)ヲ著シク超過セシメザルヲ可トス故ニ本限度以上ニ彈藥、糧秣等ヲ携行セントス

ル場合ニ於テハ其ノ重量ニ應ジ編成上増員ヲ必要トスベシ

第九　重火器ニ於テハ駄馬ノ行動全ク不可能ナル場合ニ於テモ人力ノミニ依リ行動シ得ル編成、裝備ヲ必要トス

一、重機關銃分隊

現編成ヲ以テ山徑ヲ行動スル場合ニ於テハ六名、路外ニ於テハ八名ヲ増加セバ人力ノミヲ以テ銃、彈藥箱ヲ搬送シ一般歩兵ト概ネ行動ヲ共ニシ得又裝備ニ於テハ銃身、彈藥箱等ヲ搬送スル爲背負子其ノ他ヲ必要トス而シテ本案ハ體力強健ナル下士官ニシテ各人ノ負擔量ハ四七乃至四九瓩(完全軍裝ニシテ携帶糧秣甲四日、乙一日、彈藥(一銃)二〇連)ナルヲ以テ一般部隊ガ本編成ヲ採ルニ方リテハ強兵ヲ選定スルカ或ハ特別ニ訓練ヲ施スコト必要ナリ然ラザレバ本編成ヨリ更ニ若干増員スルヲ要ス其ノ編成、裝備ノ一例附表第一、第二ノ如シ

二、大隊砲、速射砲分隊

人跡未蹈ニ近キ嶮峻ナル斷崖、密林、溪谷地帶ヲ一晝夜半ニ亙リ人力ノミヲ以テ蹈破シ續イテ馱載ニ依リ主力ト行動ヲ共ニシ得タル編成、裝備ノ一例附表第三ノ如シ本案ハ局所ニ馱馬ノ通過シ得ザル嶮難地域ヲ含ム山地ノ行動ニ概ネ支障ナシ

第十 機關銃及其ノ彈藥箱用背負子ノ構造第一、第二圖ノ如シ其ノ他ノ重火器モ概ネ之ニ準ズ

第一圖

MG銃身背負子

第二圖

彈藥箱背負子

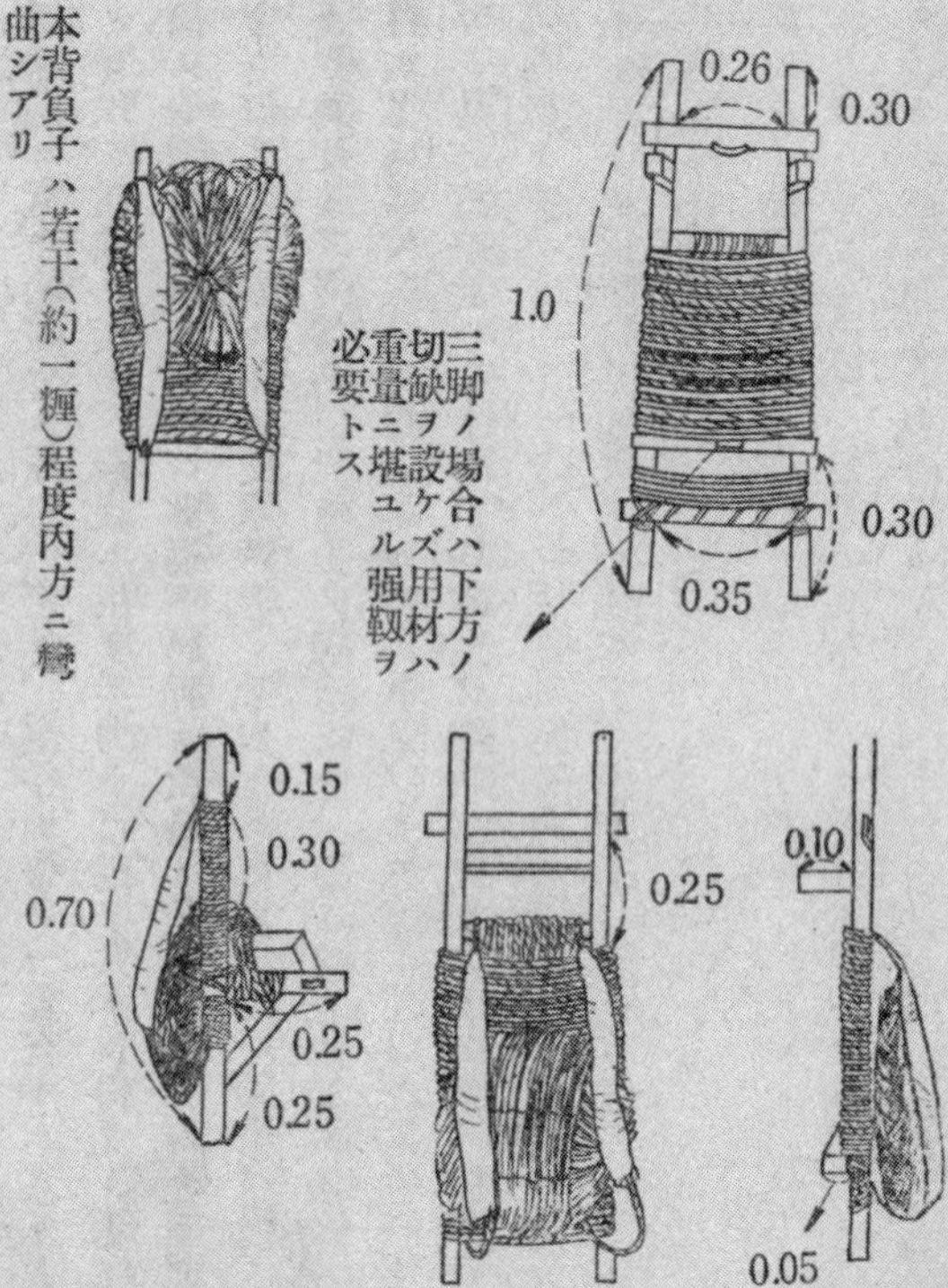

本背負子ハ若干（約一糎）程度内方ニ彎曲シアリ

第三節　山砲兵部隊

第十一　山砲ハ重火器ト同様ニ駄馬ノ行動不可能トナリタル場合ニ於テモ人力ノミニ依リ行動シ得ル編成、裝備ヲ必要トス之ガ爲ニハ個人ノ負擔力ヲ基準トシテ定ムルヲ要ス

一、臂力搬送ノ持久性ヲ得シムルニハ各人ノ負擔量ヲ略〻平均セシムルヲ要シ其ノ負擔量ハ砲手ノ平均體重ヲ約六〇瓩トスルトキハ概ネ五〇瓩ヲ適當トス

二、負擔量ト搬送持久時間トノ關係第二表ノ如シ

第二表

負擔量	持久時間	
	平地	山地
體重ノ約八〇%	約二〇分	約一〇分
體重ト同量	約一〇分	約　五分
體重ノ約一五〇%	約　五分	約　三分

砲手ノ體重ヲ平均六〇瓩トスルトキ砲架（九二瓩）ヲ一人ニテ負擔スル場合ニ於テハ平常歩ノ約1/4以下ノ速度トナリ又持久時間ハ約五分ヲ限度トス然ルニ之ヲ車軸及側板部トニ分解スルトキハ背負子ト共ニ各々約五〇瓩ニシテ歩行容易トナリ他ニ伍シテ行進シ得又彈藥箱（六發充塡）ハ六三瓩ニシテ一人ニテ背負フトキハ持久時間約十分ニシテ歩行稍々困難トナルモ體力優レタル者ヲシテ負擔セシムルトキハ他ト

概ネ行動ヲ共ニシ得

山砲一門臂力搬送ノ爲ノ編成、裝備竝ニ行軍部署ノ一例附表第四ノ如シ而シテ本表ノ要領ヲ以テ搬送スルトキハ一分隊ニ砲手二八名ヲ要シ結局一小隊ヲ以テ先ヅ一門ヲ搬送シテ戰鬪シ爾後進路ノ補修ヲ終リ馬匹ヲ引上グルガ如キ狀況ニ於テモ必ズシモ困難ナラズ

第十二 山砲ノ臂力搬送用具左ノ如シ

一、背當、杖

背當ハ前、後脚、車輪、器具箱、彈藥箱等直接背ニ負フヲ便トスル物ノ爲ニ又杖ハ歩行ノ補助、小休止時負擔物料ヲ支持シテ人馬ノ背部ヲ休息セシムル爲ニ使用ス其ノ構造第三圖ノ如シ

二、背負子

搖架匡、砲尾、防楯、側板部及接續架、車輪、脚頭架等ヲ背負フ爲ニ使用ス其ノ構造第四圖ノ如シ

第三圖

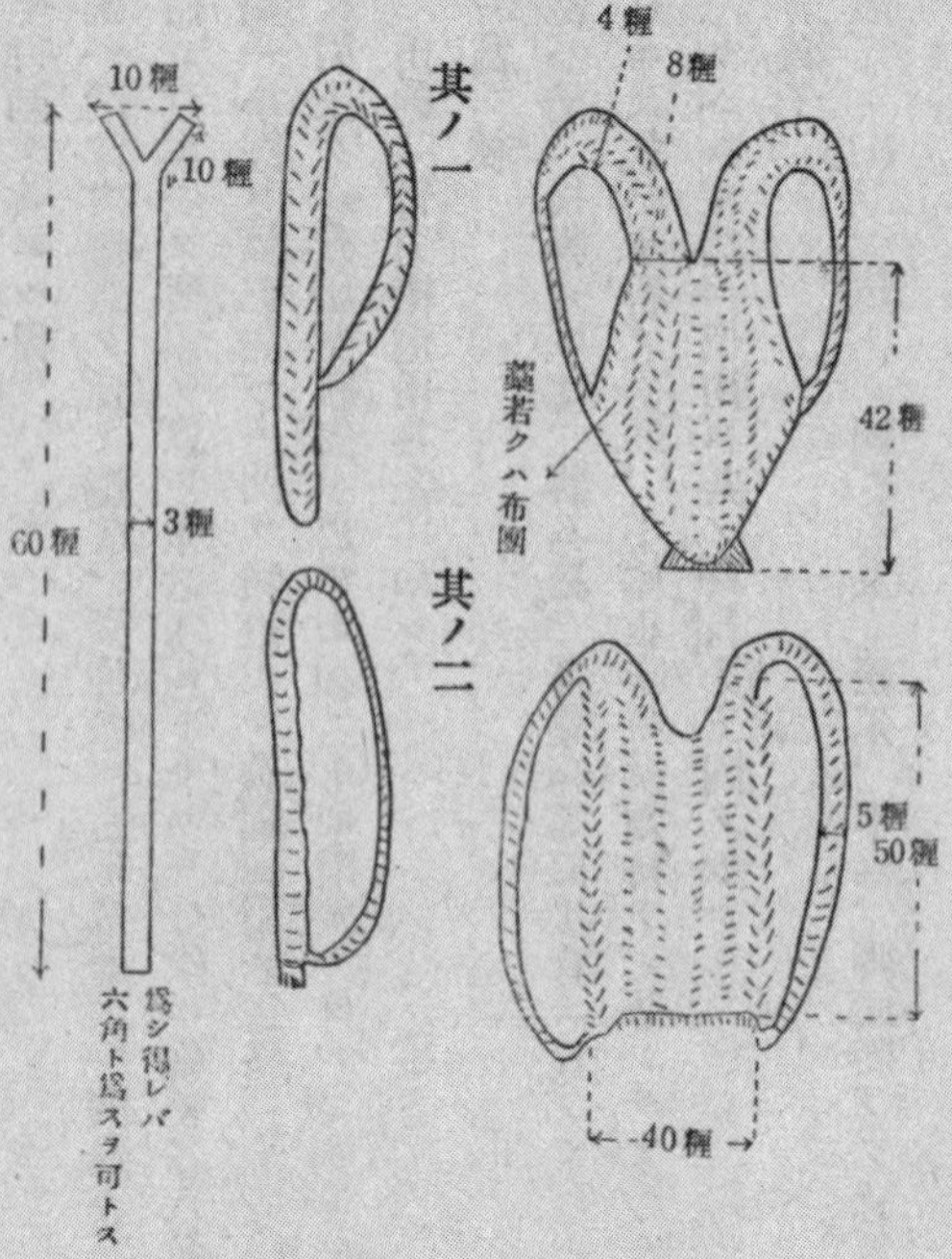
10糎
10糎
60糎
3糎
為シ得レバ六角ト為スヲ可トス
其ノ一
其ノ二
4糎
8糎
藁若クハ布團
42糎
5糎
50糎
40糎

第四圖

背負子

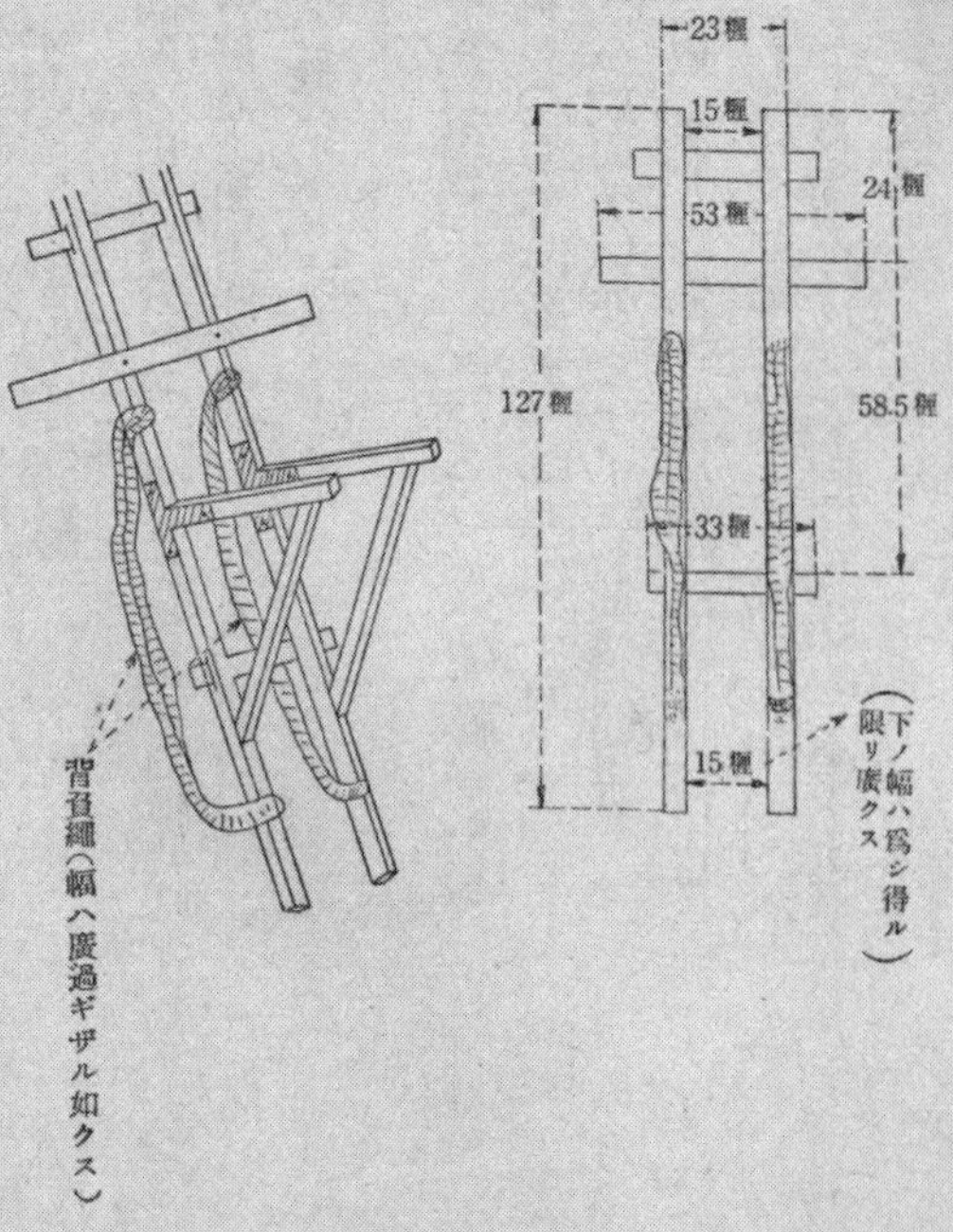
23糎
15糎
24糎
53糎
127糎
58.5糎
33糎
15糎
背負繩（幅ハ廣過ギザル如クス）
（下ノ幅ハ爲シ得ル限リ廣クス）

第四節　機關砲部隊

第十三　機關砲ノ山嶽地帶ニ於ケル臂力搬送ノ爲駄馬編制機關砲分隊ノ編成、裝備ノ一例左ノ如ク其ノ細部附表第五ノ如シ

一、編成（分隊）

1、人

分隊長（軍曹、伍長）　一
彈藥班長（兵長、上等兵）　一
砲手｛一般砲手　九／馭兵　九／作業手　二三｝　四一
計　四三名

2、馬

砲兵輓、駄馬　九

二、特別增加裝備（分隊）

「ゴム」製地下足袋	四三（各人）	十字ぐわ	三
小仲間	三二	鋸	一
背負子	五	なた	一
背當	一二	鎌	一
杖	一七	懷中電燈	七
曳索	二	馬飲料用水筒	三六（各馬四）
円匙	三	落鐵時用「ゴム」靴	九

本案ヲ以テ山地ヲ通過スルニ方リテハ行軍長徑著シク大トナリ小隊長ノ直接指揮シ得ルハ二分隊ヲ限度トス

第五節　工兵部隊

第十四　縱隊全般ノ爲ノ道路構築ハ通常工兵隊ヲシテ擔任實施セシメ縱隊

内各部隊ガ自隊ノ爲ノ補修作業ハ各隊ニ於テ編成スル作業隊ニ依ルヲ利トス而シテ斯カル任務ニ對スル工兵隊ガ山嶽地帯ニ於テ一般ニ遭遇スベキ地形、地質ヲ對象トシ駄馬道ヲ構築スル場合左ノ條件ノ下ニ獨立シテ行動シ得ル工兵小隊ノ編成、装備ノ一例附表第六ノ如シ

一、作業ノ種類

1、一般ノ土砂地帯ノ處理

2、露岩、這松地帯(岩石地)ノ處理

3、倒木アル森林地帯ノ處理

4、術工物特ニ棧道ノ構築竝ニ湧水ノ處理

二、分隊ノ作業分擔

1、一分隊　岩石地ノ處理

2、一分隊　森林ノ處理

3、二分隊　一般土砂地帯ノ處理竝ニ術工物ノ構築

三、器具ハ小隊自ラ携行ス
四、資材ヲ取得利用ス

第十五 工兵部隊ノ編成、装備ニ方リ著意スベキ事項概ネ左ノ如シ
一、山嶽地帯通過ニ於テハ装備器材ハ現制ヨリ増加ス木工、土工及石工器具ニ於テ特ニ然リ
二、爆薬ハ作業スベキ地質及作業ノ緩急ニ依リ異ナルモ一般ニ増加ス附表第六ハ現制ヲ基準トシ且各人ノ携行量ヲ考慮セル最小限ノ量ナリ
三、機力器材ヲ新ニ装備ス
四、連結器材ヲ携行ス
五、爆薬及連結器材ハ使用後中隊器材分隊ヨリ補充ス

第十六 山嶽地帯ノ行動ニ方リテハ為シ得ル限リ諸兵種（工兵及車輛部隊ヲ除ク）ニ工兵ニ準ズル器材ヲ交付シテ豫メ訓練ヲ行ヒ駄馬道ノ構築ハ諸兵種ヲシテ實施セシメ工兵ハ該兵種通過後専ラ自動車道ノ構築ニ任ゼシム

ルトキハ兵團ノ機動力ヲ增大セシメ得ベシ蓋シ此ノ種作戰ニ於テ重要ナルハ補給ニシテ之ガ爲自動車道ヲ構築スルコト必要ナレバナリ

第六節　通信部隊

第十七　山嶽地帶ニ於ケル臂力搬送ノ爲通信部隊編成、裝備ノ一例附表第七、第八ノ如シ

第十八　二號機及三號機甲ノ臂力搬送用背負子及橇ノ構造第五、第六圖ノ如シ

第五圖

其ノ一

背負子正面圖

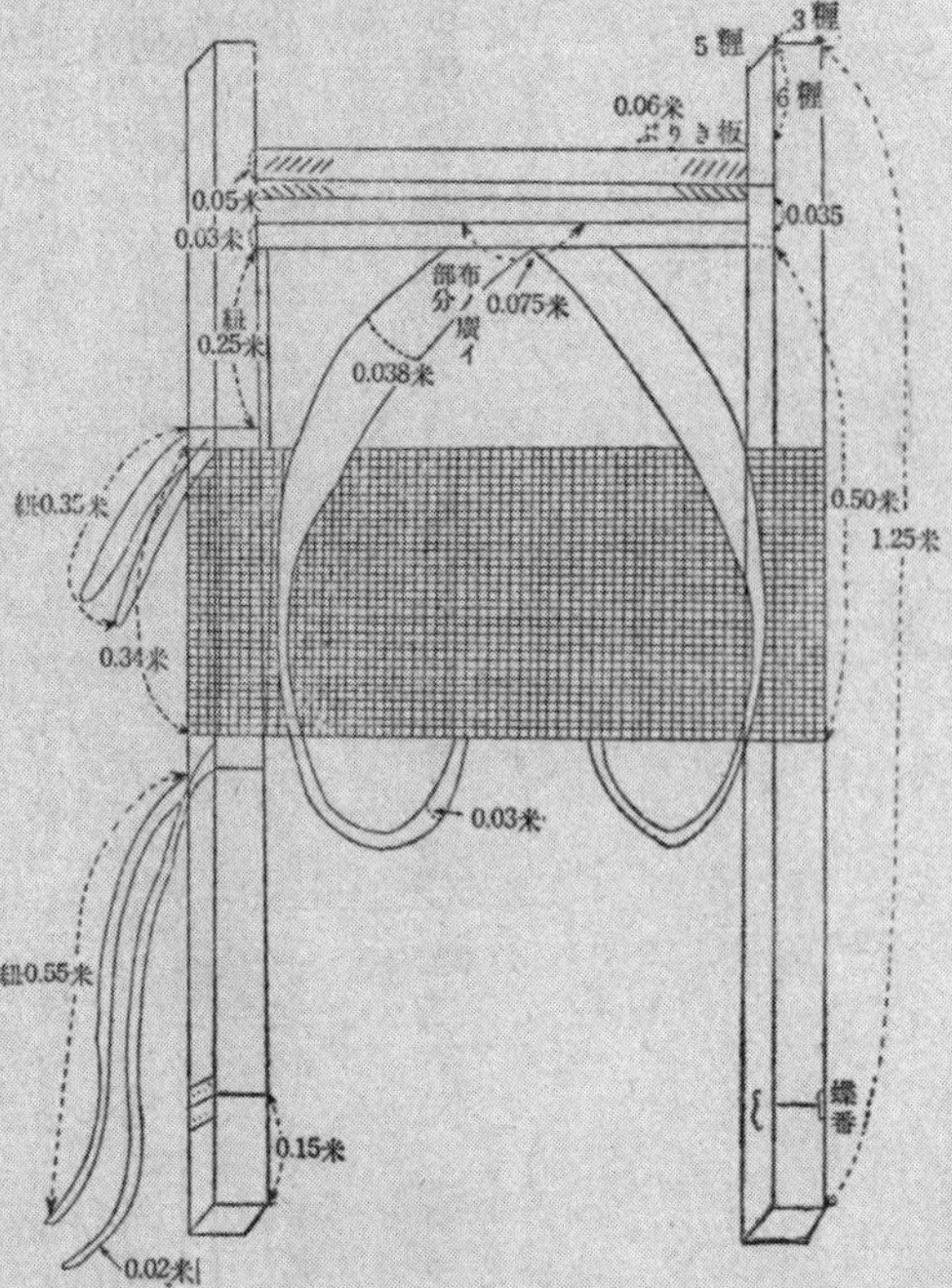

第五圖
其ノ二
背負子裏面圖

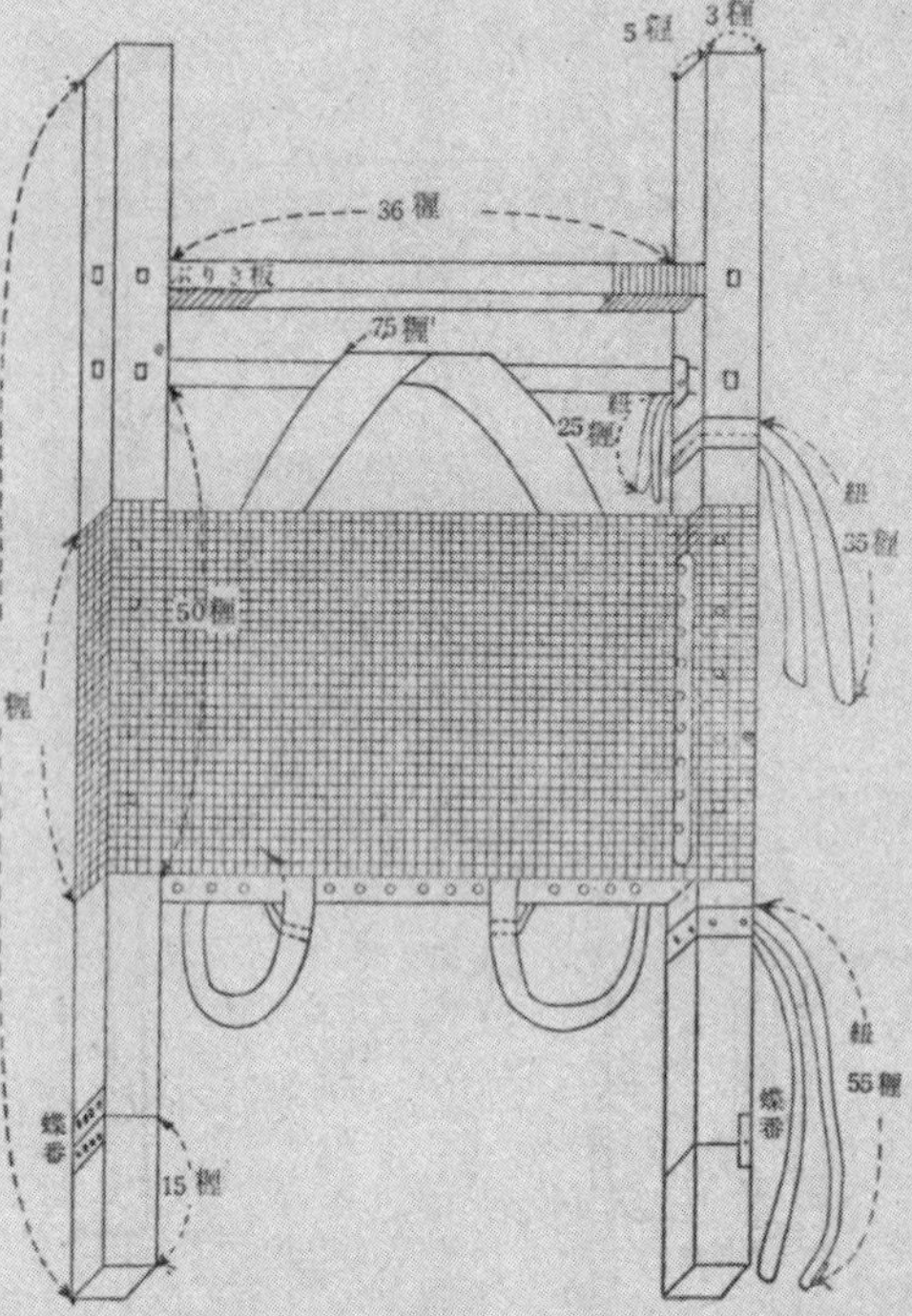

第六圖

橇正面圖

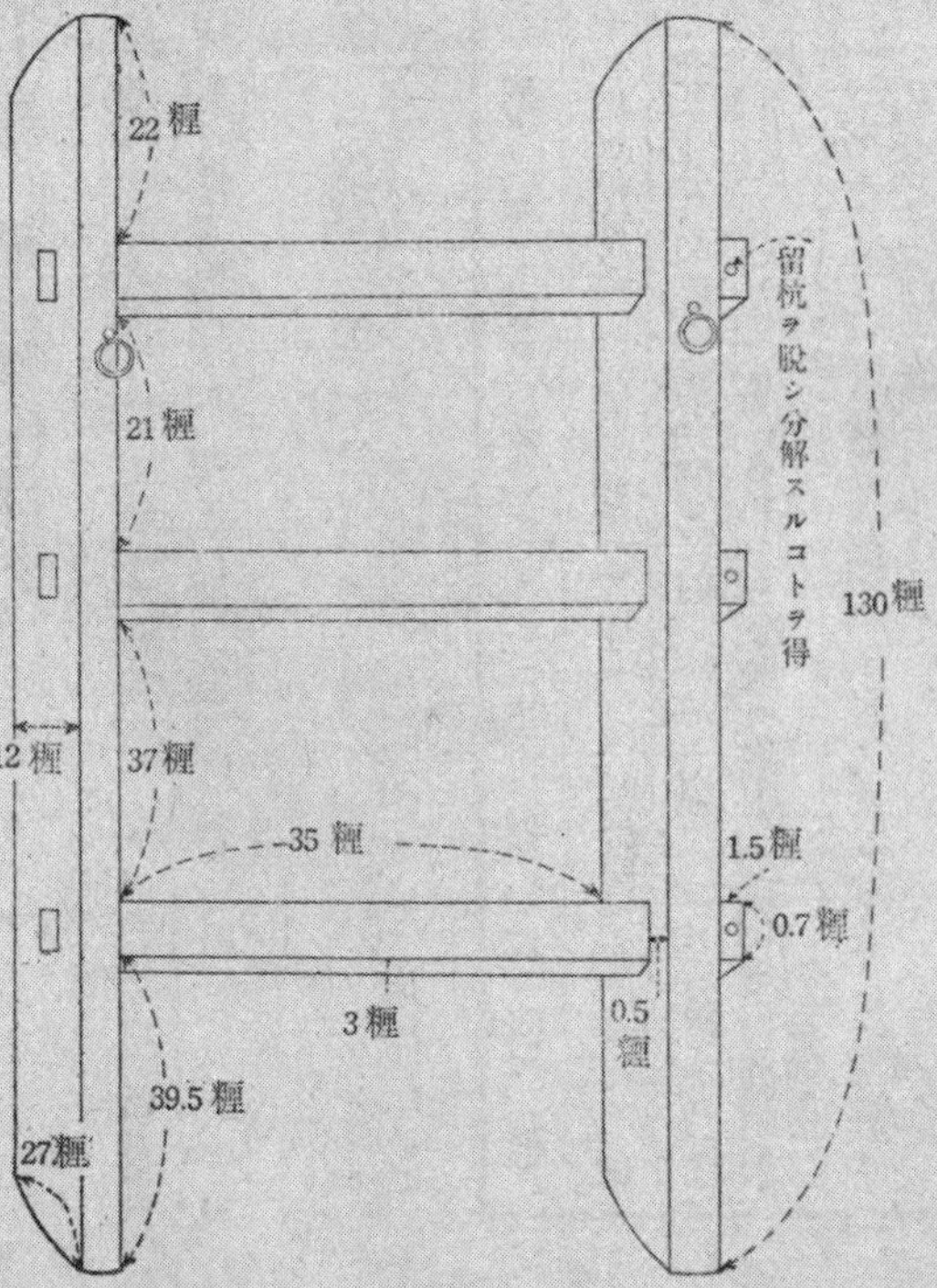
22 糎
21 糎
37 糎
12 糎
35 糎
3 糎
39.5 糎
27 糎
留杭ヲ脱シ分解スルコトヲ得
130 糎
1.5 糎
0.7 糎
0.5 糎

第七節　輕迫撃砲部隊

第十九　山嶽地帯ニ行動スル輕迫撃砲中隊ヲ左ノ如ク改編セバ駄載或ハ臂力搬送ニ依リ概ネ歩兵砲隊ト同様ノ行動ヲ實施シ得

一、編成

1、改編ノ一例第三表ノ如シ

第三表

輓馬編成（通常）	駄馬編成（改編）
三小隊	二小隊
一二分隊（一二門）	四分隊（四門）
一分隊ハ砲手八、馬四	一分隊ハ砲手一六、馬八（内豫備馬二）
備考	本案ニ於テハ戦砲隊殘餘ノ一小隊ノ人馬ハ之ヲ作業班竝ニ段列ニ入ルルモノトス

2、彈　藥

一分隊ニ四發（分隊馬四頭ニシテ一頭平均六發）

四分隊　計　九六發 ┐
中隊段列　　二九四發 ┘ 中隊　計 ｛戰砲隊四分隊・段　列｝三九〇發

彈藥馬ハ一頭平均六發駄載スルモノトシ九七式輕迫ノ分隊ハ床板（乙）ヲ簀子（應用材料）ニテ代フ

第二屬品箱ハ携行セズ携帶箱ハ第一屬品馬ニ駄載ス

對化資材等ヲ携行セザルトキハ更ニ彈藥ヲ増加ス

二、裝　備

九糎迫撃砲分隊山地特殊裝備ノ一例附表第九ノ如シ

第二十　改編セル迫撃中隊ノ行軍部署ニ方リテハ特ニ自衛力少キニ著意スルヲ要ス而シテ迫撃中隊自隊ノ行軍部署ノ一例第七圖ノ如シ

第七圖

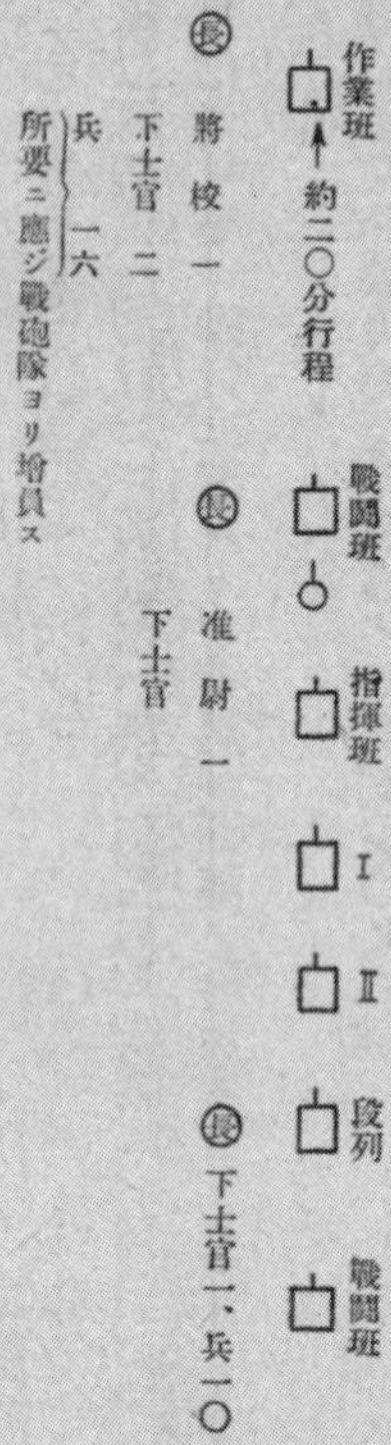

第二十一　九糎迫擊部隊臂力搬送時ノ荷重第四表ノ如シ

第四表

區分	固有重量（瓩）	搬送具重量（瓩）（背負子或ハ搬送架）	重量（瓩）計	搬送人員
砲身	三五・五〇〇	三・七〇〇	三九・二〇〇	一
床板	四二・〇〇〇	三・九〇〇	四五・九〇〇	一
脚	二七・二〇〇	三・五〇〇	三〇・七〇〇	一
備考	演習第一日降雨ノ爲濕潤シ約五〇乃至六〇瓩トナリシモノノ如シ			

第八節　輜重兵部隊

第二十二　山嶽地作戰ニ於ケル補給任務遂行ノ爲駄馬輜重兵聯隊編成、装備改編ノ一例左ノ如シ

一、通信班

無線機、電話機各〻若干及所要ノ人員ヨリ成ル通信班ヲ増設ス是交通

不便ナル山嶽地ニ於テ遠隔、廣汎ナル地域ニ行動スル各中隊ヲ指揮シ戰機ニ投ズル補給輸送ヲ行フ爲必要ナレバナリ

行軍間ニ於ケル交信ノ一例第八、第九圖ノ如シ

第八圖

一縱隊前進

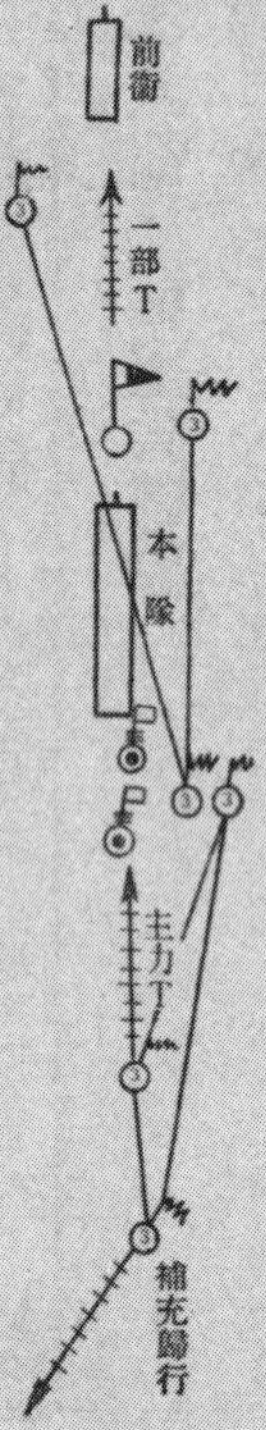

第九圖

二縱隊前進

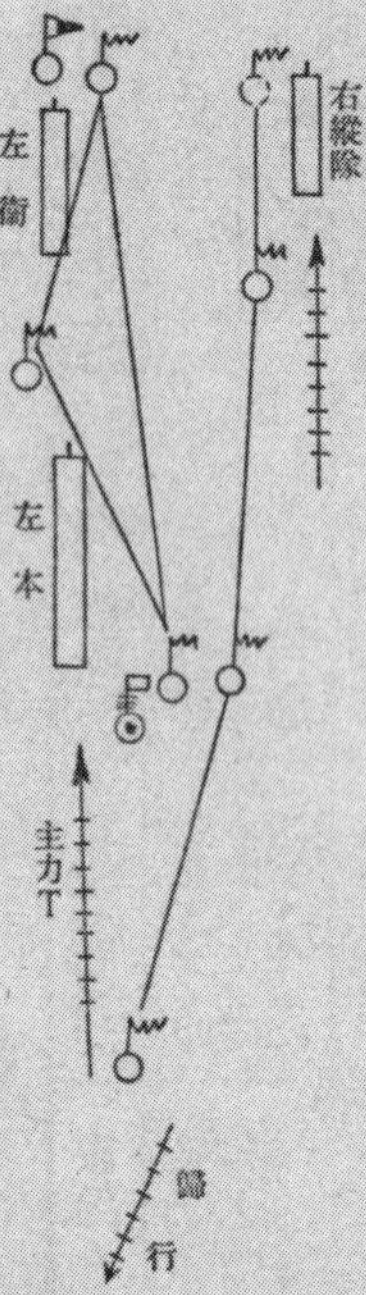

二、中隊ニ新ニ増加編成スベキ部隊

1、道路小隊(長以下二五名内外)

道路ヲ啓開シ或ハ補修ス

2、徒歩分隊(長以下一二名)

警戒及戰闘ノ基幹トス

3、連絡班(長以下約二〇名、六號無線機一)

對空警戒及部隊間ノ連絡(主トシテ視號及六號)ニ任ズ

4、補助兵(駄馬二、三頭ニ付一名)

嶮峻ナル山嶽地ノ行進ニ於テハ馭法ノ補助、馬裝積載ノ修正、休止時ノ卸下及脱鞍、危害豫防、臂力搬送等ニ任ズ

三、裝備

部隊裝備ニ在リテハ現裝備ノ外更ニ左記器材ヲ增加ス

1、通信器材

聯隊通信班	三號無線	三機
	電話機	六機
	小被覆線	三〇巻
各中隊	六號無線	各二機

2、道路器材

各中隊ノ道路小隊

測量器材(携帯測斜儀、巻尺等)		若干
土工具	円匙	二〇
	十字ぐわ	一〇
	つるはし	一〇
	じよれん	五
	唐ぐわ	五
石工具	のみ	各種五

木工具　石割槌　各種五
　　　　鋸　　　各種五
　　　　なた　　各人一
　　　　鎌　　　各人一

爆破器材（導火索）　一式

輸送隊

土工具　円匙又ハ十字ぐわ　各馬一
木工具　鋸　各分隊
　　　　なた　馭補ノ半数各一
　　　　鎌　　馭兵全員各一

3、人力搬送器材

背負子　分隊長以下　各一
力綱　各分隊　三

4、氣象觀測器材

氣壓計	聯隊本部及各中隊	各一
携帶磁針	各中隊	一
携帶寒暖計	聯隊本部及各中隊	各一
風向風速計	同右	各一

個人裝備ニ在リテハ左ノ器材ヲ增加ス

杖	將校以下	各一
小綱	將校以下	各一
磁石	分隊長以上	各一

第二十三　臂力搬送用具トシテ背負子、背當等數種アルモ背負子ヲ最モ可トス其ノ構造及積載法第十、第十一圖ノ如シ

第十圖　背負子

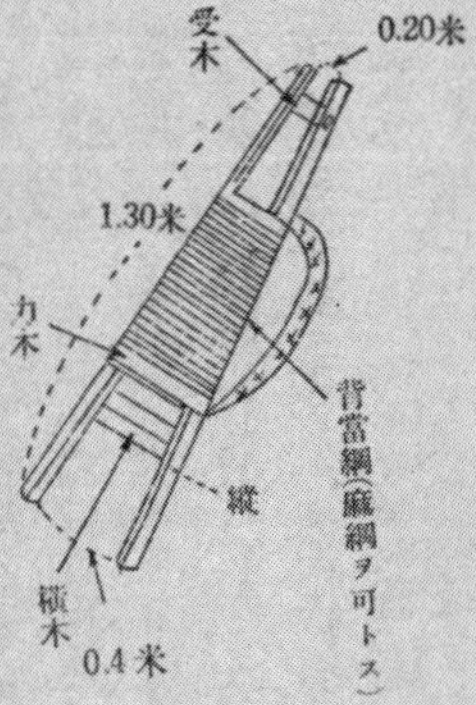

第十一圖　荷物及携行品積載法

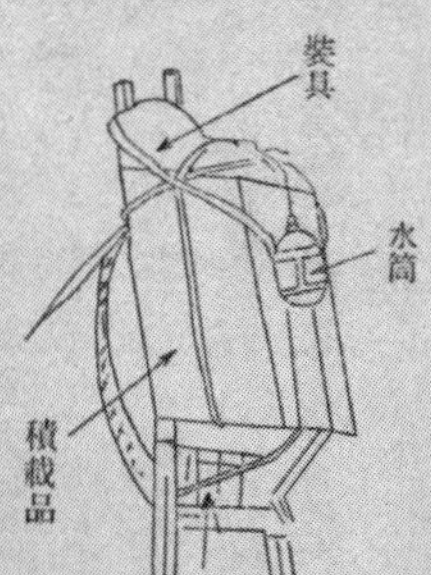

第二章　行軍實施ニ關スル基礎的諸元

第一節　行軍速度

傾斜ト行軍速度

第二十四　山地ニ於ケル行軍速度ハ平地ニ比シ傾斜ノ影響ヲ受クルコト最モ大ナリ而シテ其ノ傾斜ノ緩急ノ行軍速度ニ及ス影響ニ就キ實驗ノ結果求メタル基礎的諸元左ノ如シ（附圖參照）

一、徒歩部隊

山地通過ニ於テハ所謂單獨兵ノ通過ヲ許ス山徑（五萬分ノ一點線路ヲ標準トス）ノ通過ト全ク道路ナキ地形ノ通過トハ其ノ行軍速度ニ大ナル差異アリ

1、山徑通過ニ於ケル速度

イ、小銃、輕機、擲彈筒分隊ノ信州八ツケ嶽（標高二、八九二米）ニ於テ中央線茅野（標高約八〇〇米）ヨリ八ツケ嶽ヲ踏破シテ松原（標高約一、一〇〇米）ニ至ル圖上距離約三六粁ノ山徑（一部路外）行軍ニ於ケル行軍速度附表第十ノ如シ

ロ、重機關銃分隊（背負子搬送）

銃、彈藥箱ノ背負子搬送ノ爲正規ノ編成ヨリ六名ヲ增員シテ人力搬送セシメタルニ概ネ小銃部隊ト行動ヲ共ニスルヲ得タリ特ニ急峻ナル斜面ノ登降ニ於テハ小銃ニ比シ若干多クノ時間ヲ要セリ

卽チ 1/1 乃至 2/1 ノ斷崖通過ニ於テ小銃ハ約三〇分ヲ要セルニ機關銃ハ一時間三〇分ヲ要セリ之ヲ要スルニ重機關銃ノ人力搬送ハ編成宜シキヲ得尙斷崖ニアラザル斜面ナルトキハ小銃ト概ネ行動ヲ共ニシ得斷崖ニ近キ急斜面ナルトキハ登降共ニ小銃ノ二、三倍ノ時間ヲ要ス又降リハ概ネ小銃ト同速度ナルモ急斜面ニ於テハ若干遲キモノト觀察セラル

八、大隊砲、速射砲分隊

駒ケ嶽中御所澤ヨリ劍ケ峰ニ至ル間ノ實驗成績第六表ノ如シ

第六表

大隊砲速射砲分隊臂力搬送ノ傾斜ニ應ズル行軍速度表

傾斜	時速
$\frac{1}{10}$	○・六粁
$\frac{1}{7.5}$	○・二五粁
$\frac{1}{5.6}$	○・三五粁
$\frac{1}{2.6}$	○・一五粁
$\frac{1}{1}$	○・一粁
備考	一、大隊砲ト速射砲トハ同一行動ヲ爲シ速射砲ノ追及ヲ待ツテ前進セルモ大體ニ於テ兩者ノ速度ニ大ナル差異ナシ 二、前進路ハ密林ノ部多ク既ニ啓開セルモノヲ更ニ速射砲ノ臂力搬送ヲ爲シ得ル如ク補備シツツ前進ス

ニ、重機關銃分隊ト大隊砲、速射砲分隊トノ速度ノ比較

伐木小屋ヨリ中御所澤ヲ經テ劍ケ峰ニ至ル圖上距離六粁、比高一、六七〇米間ニ於テ同進路ヲ同時ニ前進セル重機關銃分隊ト大隊砲、速射砲分隊トノ所要時間ヲ比較セバ第七表ノ如シ

第七表

重機關銃分隊	大隊砲、速射砲分隊
所要時間 一三時間五五分（一泊露營但シ露營時間ヲ含マズ）	所要時間 二五時間（一泊露營但シ露營時間ヲ含マズ）

以上ノ結果大隊砲及速射砲ノ人力搬送ハ一日以上ニ亙リ且嶮難ナル山地ヲ通過スルニ方リテハ小銃トハ勿論重機關銃分隊トモ行動ヲ共ニスルハ特殊ノ訓練ト編成トニ依ラザレバ極メテ困難ナルベシ

2、路外通過ニ於ケル速度

路外ノ通過速度ハ一ニ進路ノ景況ニ依リ差異アリ而シテ山徑ハ通常各種ノ條件上通過最モ容易ナル場所ヲ自然的ニ選定セラレアルヲ以テ山嶽地帶ニ於ケル路外行軍ハ山徑ニ比シ其ノ通過困難ニシテ其ノ通過速度ハ著シク遲キヲ通常トス然レドモ敵ニ對スル行動祕匿ノ必要ナル人跡未踏或ハ稀ナル進路ヲ選定スルヲ要スルコト屢〻ナルヲ豫期セザルベカラズ演習ニ於テ徒歩部隊ノ行軍速度ヲ類似セル地形ニ於テ比較ス其ノ比較第八表ノ如シ

第八表

		準備	綜合
演習進路		山徑	路外密林
場所		伐木事務所（標高約一、六〇〇）—赤嶽鑛泉—中嶽（標高約二、八〇〇）	伐木小屋（標高約一、二〇〇）—大瀧—中御所澤—劍ヶ峰（標高約二、八〇〇）
圖上距離		四・五粁	六・〇粁
比高		約一、二〇〇米	約一、六〇〇米
傾斜	局所	$\frac{1}{10}$ $\frac{1}{26}$ $\frac{2}{1}$	$\frac{1}{10}$ $\frac{1}{2.5}$ $\frac{1}{1}$
		$\frac{1}{7.5}$ $\frac{1}{1}$	$\frac{1}{7.5}$ $\frac{1}{2.6}$
	平均	$\frac{4}{15}$ （約$\frac{1}{4}$）	$\frac{4}{15}$ （約$\frac{1}{4}$）
所要時間		四時間	一三時間

演習ニ於テ通過セル地形ハ人跡極メテ稀ニシテ住民ノ言ニ依レバ年ニ二、三回杣夫ノ通過スルニ過ギズ斯カル地形ノ通過ハ類似セル地形ノ山徑ノ通過ニ比シ著シク速度遲キハ第八表ニ示セル如シ故ニ未知ノ路

外ニ於テハ山徑ノ數倍ノ時間ヲ要スルコト少カラズ

二、駄馬部隊

山嶽地帶ニ於テハ駄馬ノ路外行動ハ局部的ニ可能ナリト雖モ全般的ニハ不可能ナリト判斷シテ作戰行動ヲ計畫スルヲ要ス而シテ山徑ヲ利用スル場合ニ於テモ道路ノ補修ヲ要スル部分多キヲ通常トス蓋シ山徑ハ傾斜及曲半徑上或ハ溪谷ヲ横過スル等ヨリシテ人ハ通ズルモ駄馬ヲ通ゼサル部分少カラザルヲ以テナリ

1、某部隊ノ實驗セル傾斜ニ應ズル行軍速度第九表ノ如シ

第九表　傾斜ニ應ズル行軍速度

登降	區間	圖上距離	比高	傾斜	所要時間（含休憩）	時速	摘要
登リ	太田切蹈切—黒川發電所	五・二粁	三〇〇米	1/14	二時間〇五分	二・六〇粁	
登リ	索道上—伐木事務所	四・二粁	四〇〇米	1/10	三時間〇〇分	一・四〇粁	
登リ	伐木事務所—一丁ヶ池	二・四粁	八〇〇米	1/3	五時間四〇分	〇・四二粁	駄載物ハ卸下シ臂力搬送ス
					一〇時間三〇分	〇・二三粁	夜間泥濘
登リ	一丁ヶ池—前嶽	一・五粁	四〇〇米	1/3　1/2	六時間〇〇分	〇・二五粁	岩石這松地帯
降リ	伊那小屋—胸突八丁	〇・八粁	三〇〇米	1/3	四〇分	一・二〇粁	岩石多シ
降リ	胸突八丁	一・二粁	六〇〇米	1/3　1/2	三時間二〇分	〇・三七粁	樹根地帯
降リ	標高一、四〇〇—内萱	二・四粁	四〇〇米	1/6	一時間三〇分	一・六〇粁	土

圖上距離ノ平地並計算ト實際トノ差異

今次行軍圖上距離ハ約二七粁ニシテ之ガ所要時間(宿營時間ヲ除ク)約四〇時間ヲ要セリ之ヲ平地並ニ計算スルトキハ七、八時間行程ナレドモ實際ハ其ノ數倍ヲ要セリ

2、某部隊ノ實驗ノ結果案出セル行軍速度及所要時間ノ算出公式左ノ如シ

イ、登リ斜坂

水平距離　四粁毎ニ一時間

比　高　二〇〇米毎ニ一時間

但シ人力搬送ニ依ルトキハ三〇〇米毎ニ一時間

休憩ノ爲右時間ノ和ノ二〇%

右ノ總計ヲ以テ全所要時間トス

ロ、降リ斜坂

水平距離　四粁毎ニ一時間

比　高　三〇〇米毎ニ一時間

但シ人力搬送ニ依ルトキハ二〇〇米毎ニ一時間

休憩ノ爲右時間ノ和ノ二〇％

註　水平距離ヲ求ムルニハ五萬分ノ一地圖上ニ於テ「キュルビメートル」ニテ測定シタル路上距離ノ八〇％增トス之ヲ實驗ノ結果ト對照スルニ所要時間算出公式ハ山徑ニ於テハ概ネ適用シ得

標高ト行軍速度

第二十五　標高ノ行軍速度ニ及ス影響ハ標高ノ增大ニ伴フ氣壓、地貌及地物ノ變化ニ依リ異ナル

標高增大スルニ從ヒ氣壓低下シ酸素稀薄トナリ爲ニ人馬共ニ呼吸ノ困難ヲ來シ屢〻休憩ヲ必要トシ從ツテ行軍速度ヲ低下スルコト勿論ナルモ酸素稀薄ヲ感ズルハ概ネ標高三、〇〇〇米以上ナリ

第二十六　地貌、地物ニ就キ留意スベキハ概ネ二、五〇〇米附近ニ於テ森林帶ヨリ這松帶ニ移リ次デ岩石帶トナルコトトス（本邦中部ノ場合ニシテ緯度ノ異ナルニ從ヒ趣ヲ異ニスルハ當然ナリ）而シテ這松上ハ局部的ニ徒歩ノ通過ヲ許ス程度ニシテ行軍ノ爲ニハ這松ヲ除クカ或ハ其ノ存在セザル部分ヲ選バザルベカラズ馬匹ノ通過ニ於テ特ニ然リ

第二十七　岩石帶ノ行軍速度ニ及ス影響ハ岩石ノ狀態如何ニ依ルモノニシテ補修作業完備セバ行軍速度其ノモノニハ大ナル影響ヲ來サズ又岩石帶ニ到レバ季節、標高ノ關係ニ應ジ雪溪ヲ伴フヲ通常トス而シテ雪溪ハ之ニ通過施設ヲ加ヘザレバ人ノ通過危險ニシテ馬ハ雪溪下ノ岩石狀態良好ニシテ通過施設完全ナラザレバ通過不可能ナリ故ニ岩石、雪溪等ノ行軍速度ニ及ス影響ハ道路ノ開設竝ニ補修程度ニ依ルモノニシテ一ニ作業力ニ關係ス

第二十八　雪溪竝ニ標高ノ行軍速度ニ及セル一例ヲ富士山行軍ニ就キ例證セバ第十表ノ如シ

第十表

合目	標高	傾斜	時速	摘要
四	二、四五〇米	$\frac{1}{2.3}$		
五	二、六〇〇米	$\frac{1}{2.3}$	一・〇粁	三〇分毎ニ五乃至八分休憩ス
六	二、七八〇米	$\frac{1}{2}$	一・〇粁	
七	二、八六〇米	$\frac{1.5}{1}$	〇・三粁	雪溪ノ爲速度低下ス
八	三、二五〇米	$\frac{1}{2.4}$	〇・五粁	一五分毎ニ五分休憩ス 傾斜ト酸素稀薄ノ爲速度低下ス
九	三、三九〇米		〇・三粁	酸素稀薄ノ爲速度低下ス
備考	一、部隊ハ徒手負擔量約一二瓩、人員約五〇〇名 二、標高三、〇〇〇米以上ニ到レバ氣壓ノ影響ニ依リ著シク速度ヲ減ズ此ノ際體力保持ニ注意スルヲ要ス時トシテ酸素補給ノ必要アリ			

休憩時間ト行軍時間

第二十九　山地行軍ニ於ケル休憩ハ人馬共ニ平地ニ比シ短時間ナルモノヲ屢〻實施スルヲ要ス而シテ其ノ時間、回數ハ行程、行軍時間、傾斜ノ緩急、標高ノ高低(但シ三、〇〇〇米以下ニ於テハ標高ニ依ル影響殆ドナシ)、負擔量ノ大小等ニ應ジ異ナリ一般ニ平地ニ比シ實施要領ハ複雜トナルヲ免レズ若シ休憩回數ヲ疏ニスルトキハ甚ダシク體力ヲ浪費シ終ニ行軍不能ニ至ル要ハ人馬ノ呼吸狀態ニ著意シ呼吸甚ダシク逼迫セザルニ先ダチ休憩スルヲ利トシ其ノ他ハ主トシテ疲勞ノ度ニ應ゼシムレバ可ナリ

第三十　實驗ニ基ク行軍時間ト休憩時間トノ關係左ノ如シ

一、徒步部隊

1、第九表ノ如シ

2、二〇分每ニ一〇分休憩

二、馱馬部隊

1、某部隊

駄載　一〇分毎ニ五分、實働三〇分ニ及ベバ駄載物卸下一五分休憩

臂力　五分毎ニ五分休憩

2、某部隊

駄載　標高二、〇〇〇米以下ニシテ傾斜概ネ$1/4$ニ於テハ五分毎ニ三分或ハ三分毎ニ三分

標高二、〇〇〇米以上三、〇〇〇米ニシテ傾斜概ネ$1/2$ニ在リテハ標高ノ上昇ニ伴ヒ三分毎ニ三分、二分毎ニ二分、二分毎ニ三分

臂力　傾斜$1/3$以上ニ於テハ概ネ二〇乃至三〇歩前進シ二乃至三分

第二節　行軍長徑

第三十一　山徑又ハ野外ノ行軍ニ方リテハ通常一列縦隊ニ依ラザルベカラズ而シテ山地ニ於ケル一列縦隊ハ平地ニ比シ各種ノ關係上各兵、各馬ノ距

離延ビ易キノミナラズ行軍實施ノ監督困難ニシテ行軍長徑著シク増大スルヲ通常トス故ニ極力長徑ノ短縮ヲ圖ル如ク訓練スルコト緊要ナリ
人馬ノ距離ニ關シ各部隊ノ實驗セシ所見左ノ如キモ幹部ノ注意及訓練ニ依リ更ニ短縮シ得ベシ

一、某部隊
平地ノ一列縱隊ニ比シ約三倍ニ増加シ時トシテ約一〇倍トナル平地ニ於ケル一分隊ノ一列縱隊ノ長徑ハ約六〇米ナルニ反シ山地ニ於テハ約一八〇米トナルヲ通常トシ人力擔送ヲ實施セル場合ニ於テハ駄馬ト擔送兵トノ距離ハ五〇〇米開キタルコトアリ

二、某部隊
前馬トノ距離ハ少クモ一〇歩トス(平地ハ五歩)

第三十二　隊間距離ニ關スル各部隊ノ所見左ノ如シ

一、某部隊(徒歩)

急坂、密林等急ニ障碍ニ遭過セルトキト雖モ行軍ヲ澁滯ナカラシムル爲各小隊(分隊)間ニ若干ノ距離ヲ必要トス

各小隊間　三〇米　　各分隊間　一〇米

二、某部隊

各人ノ距離ハ約二米トスルモ難所ハ一人ヅツ通過セシムルヲ要ス

三、某部隊

山地ニ於ケル駄馬行進ノ撞著ハ豫想外ニ甚ダシキモノアリ地形、地質等ニ依リ行進ノ難易ヲ生ズル箇所交互ニ存ス駄載物ノ人力擔送ヲ實施スル場合ニ於テ特ニ然リ之ガ爲左ノ如ク隊間距離ヲ設クルノ必要ヲ生ズ

四、某部隊

分(小)隊ノ後ニ　　約二〇米

中隊ノ後ニ　　約三〇米

1、諸兵連合

歩兵部隊先頭ニ在ルトキハ各部隊最小限五〇〇米(約五分間隔)ノ隊間距離ヲ必要トス

駄馬部隊ノミナルトキハ各部隊最小限三〇〇米(約三分間隔)ノ隊間距離ヲ必要トス

2、梯團區分ノ前進

山嶽地帶ノ特性上通過路ノ不良ニ依リ行進整齊ナラザルヲ通常トスルヲ以テ縦隊ヲ梯團ニ區分シ敵情之ヲ許セバ梯團間概ネ二、〇〇〇米トシ梯團ハ更ニ梯隊ニ區分シ各梯隊間ハ地形、訓練ノ度ニ應ジ距離ノ基準及各部隊ノ伸バシ得ベキ長徑ノ基準ヲ示スヲ可トス而シテ訓練不十分ナル前方部隊ノ爲ニハ大ナル距離ヲ要スルモノトス

五、各部隊

1、一群ノ人馬數ハ勉メテ減少(傾斜ノ度ニ應ジ背負子數名、駄馬數

頭）シ群間毎ニ距離間隔ヲ存スルヲ可トスルモ地形ニ依リテハ時間ヲ隔ツルヲ可トスルコトアリ

2、狀況ニ依リ人馬ノ能力ヲ考慮シ順位或ハ逆順位ニ行進セシム

第三十三 山嶽地ニ於テハ各人、各馬ノ距離ノ增加ニ更ニ分、小隊間ノ距離ヲ要シ更ニ中隊以上ニ於テ隊間距離ヲ平地ヨリモ多クスルヲ要シ而モ部隊ハ一列縱隊ヲ通常トスルヲ以テ行軍長徑ハ著シク增大ス

步兵中隊、馱馬部隊ニ就キ各部隊ノ所見ヲ基礎トシテ中隊ノ行軍長徑ヲ概算セバ左ノ如シ

一、步兵中隊

1、各人ノ距離ヲ約二米トス

2、分隊間ニ一〇米、小隊間ニ三〇米ノ距離ヲ取ル

3、四列縱隊ヲ一列縱隊ト爲ス爲長徑ハ約四倍卽チ三〇〇米計四五〇米更ニ各人ノ距離若干延伸セバ中隊ノ長徑ハ約五〇〇米（平地行軍

ノ約七倍)トナル

二、駄馬部隊(中隊)

前馬トノ距離ヲ一〇歩トセバ之ノミニテ長徑ハ倍化ス而シテ分(小)隊間ノ距離ヲ二〇米トセバ平地行軍ノ概ネ三倍トナリ更ニ地形惡キ場合ニ於テ距離延伸スルヲ以テ三倍以上トナル

第三十四　山嶽地ニ於テハ行軍長徑ノ延伸ハ甚大ニシテ特ニ機動力ノ鈍重トナル結果或ハ戰機ヲ逸シ或ハ連絡ノ中絕ヲ來シ或ハ給養ニ支障ヲ生ズル等大ナル不利ヲ生ズルニ至ルベシ大部隊ニ於テ特ニ然リ故ニ訓練ニ依リ行軍長徑、隊間距離ヲ最小限度ニ止ムルト共ニ道路補修部隊ヲ先遣シテ行軍ヲ容易ナラシムルコト緊要ナリ

第三章　行軍實施

要　則

第三十五 高峻ナル山嶽地帶ノ通過ハ平地又ハ低山地帶ニ比シ行軍實施ノ要領ニ於テ大イニ趣ヲ異ニス本章ニ於テハ主トシテ其ノ特異ノ事項ニ就キ記述ス

第一節 進路ノ偵察及選定

第三十六 進路偵察ノ適否ハ通過部隊ノ行動ニ影響スルコト平地ニ比シ極メテ大ナリ而シテ偵察ハ地形、氣象其ノ他各種ノ障碍ヲ受ケ其ノ實施困難ナルモ狀況之ヲ許セバ先ヅ進路概定ノ偵察ヲ行ヒ次デ作業實施ノ爲ノ偵察ヲ行フヲ可トス

第三十七 進路ノ偵察ニ方リ考慮スベキ事項概ネ左ノ如シ

一、進路概定ノ爲ノ偵察ハ空中偵察特ニ空中寫眞ノ利用ニ依ルヲ利トス

二、進路概定ノ爲ニハ先ヅ住民ニ依リ資料ヲ收集ス

三、進路概定ノ爲狀況之ヲ許ストキハ選拔セル將校斥候ニ住民ヲ同行セシメ成ルベク遠ク派遣スルヲ可トシ之ヲ許サザル場合ニ於テモ半日乃至一日行程前方ニ將校斥候ヲ派遣ス

四、偵察ハ總テ十分ナル時間ノ餘裕ヲ與フ

五、偵察班ハ各〻自隊ノ通過作業ニ關スル偵察ヲ行ハシムル爲諸兵連合ノ縱隊ニ於テハ各兵種ト更ニ通信、氣象、衞生機關等ヲ以テ編成ス歩兵ノミノ場合ニ於テモ重火器部隊ノ偵察者ヲ含マシム

六、季節、氣象ノ影響特ニ高山上ニ於ケル一日ノ氣象ノ變化ヲ調査ス

七、進路ハ爲シ得ル限リ企圖ノ祕匿特ニ對空遮蔽ニ適スルモノヲ選定スルコト勿論ニシテ偵察者自身モ亦企圖ノ祕匿ニ留意シテ行動ス

八、諸隊ハ人馬通過ノ能否、作業量等ニ關シ的確ナル報告ヲ爲サシムル爲山嶽地帶作戰開始ニ先ダチ山地偵察要員ノ選拔訓練ヲ行フ

（一）未經驗者ガ單ナル推定ニテ馱馬通過可能ト報告シ行軍實施ニ方リ馱馬ヲ通シ

得ザリシ戰例アリ

九、視察、判斷ニ止ムルコトナク必ズ實地ノ蹈査ヲ爲ス

十、水源地、休憩地、人馬ノ糧秣、燃料用植物ノ選定、調査ヲ行フ

十一、進路選定ニ方リテハ勉メテ在來ノ山徑ヲ利用スルヲ可トス

第三十八 進路ハ通常道路ニ依ルヲ利トス然ラザルモ多少迂路トナルモ道路トシテノ要件ヲ具備シアルモノヲ選定スルヲ要ス

第三十九 道路ナキ場合ハ當初谷ヲ辿ルヲ利トス

進路選定上谷ノ特性左ノ如シ

一、進路ノ判定比較的容易ナリ

二、谷ハ距離近ク通常直線狀ヲ呈スルヲ以テ捷路ナリ然レドモ斷崖、岩石、流水等ニ依リ前進ヲ阻碍セラルルコト少カラズ

三、樹木ニ依ル障碍少シ

四、標高二、五〇〇米以上ニ於テハ溫暖ノ候ニテモ雪溪ノ利用可能ニシ

テ比較的急峻ナル斜面ヲ通過シ得

第四十　谷ノ利用不可能トナリタル場合ニ於テハ尾根ニ轉進シ尾根傳ヒニ山頂ニ到ルヲ要ス尾根ハ概シテ展望良好ナレドモ高峻ナル山嶽ニ於テハ路幅狹ク嶮峻ナル起伏多ク兩側斷崖ヲ爲シ危險ヲ伴ヒ其ノ行軍速度低下スルニ注意ス

第四十一　這松地帶ハ通常岩石地帶ニシテ這松ノ密生ノミナラズ岩石相互ニ間隙多ク人馬ノ通過困難ナルヲ以テ爲シ得レバ之ヲ避クルヲ要ス

第二節　集合、出發時刻

第四十二　高峻ナル山地ニ於テハ部隊集合ノ爲路外ニ空地ヲ求ムルハ殆ド不可能ナルヲ以テ通常進路若クハ之ニ沿ヒ行軍序列ニ應ジ各部隊毎ニ集合スルノ止ムナキニ至ル此ノ際多少ニテモ道路側方ニ集合地ヲ求メ得ルトキハ成ルベク之ヲ利用シ又道路以外ニ餘地ナキ場合ニ於テモ萬難ヲ排シ傳令

等ガ路側ヲ通行シ得ル如ク道路ノ解放ニ留意スルコト緊要ナリ

第四十三 出發時刻ハ勉メテ早ク到著時刻ハ午後成ルベク早キヲ可トス蓋シ山嶽地特ニ高山ニ於ケル氣象ハ午後ニ於テ變化スルコト多キヲ以テナリ又高山ニ於テハ夜間ハ晝間ニ比シ著シク寒冷ヲ覺エ且露營ノ爲採暖用燃料ヲ得難ク又掩蔽スル地物ニ乏シキ等宿營ニ困難ナルヲ以テ時ニ日沒後出發シ天明前ニ到著スルヲ利トスルコトアリ

第三節　行軍間ノ指揮連絡

第四十四 山嶽地ノ行軍ニ於テハ著シク地形ノ制限ヲ受クルヲ以テ指揮官、傳令等ノ隨時移動就中前方ヘノ進出竝ニ縱隊ノ指揮掌握ハ平地ニ比シ極メテ困難ナルヲ通常トス故ニ地形ノ難易、部隊ノ狀況等ニ應ジ指揮官ノ位置ヲ定メ連絡ノ處置ヲ特ニ適切ナラシムルヲ要ス

第四十五 指揮官特ニ小隊長以下ニ於テハ部隊ガ難所ヲ通過スルトキハ自

ヲ同地ニ位置シ或ハ代理者ヲ殘置スル等指揮ヲ的確ナラシムルヲ要ス又降坂路ニ於テハ小、分隊長ハ部隊ノ後尾ニ位置スルヲ可トスルコトアリ

第四十六　傳令ニ依ル連絡ハ部隊ヲ追越スコト困難ナルヲ以テ至近距離ニアラザレバ効果少シ又遞傳ニ依ル連絡ハ概ネ不確實ニシテ特ニ平地ニ比シ地形ノ關係上喧騷ニ亙ルヲ通常トス故ニ視號通信、六號及五號無線機等ヲ活用スルコト必要ナリ

第四節　休憩、食事

第四十七　山嶽地ハ適當ナル休憩地ヲ得難ク特ニ危險ナル場所少カラズ又人馬ノ體力ノ關係上至短時間ノ休憩ヲ屢〻實施スル等平地ト其ノ要領ヲ異ニス休憩ニ方リ著意スベキ事項概ネ左ノ如シ

一、縱隊ノ儘行フヲ利トス是行軍長徑ヲ短縮シ部隊ヲ集結スルトキハ休憩時間ノ大半ヲ之ガ爲ニ消費スルヲ以テナリ

二、休憩地ノ選定ニ方リテハ崩壊シ易キ地點、急斜面、斷崖等ハ勉メテ之ヲ避ケ比較的緩斜面ニシテ路幅廣キ場所ヲ選ブ又自隊ノ爲ノミナラズ後續部隊ニ就テモ考慮ス

三、背負子ヲ負ヘル場合ニ於テハ高サ腰程度ノ階段或ハ岩石ノアル場所ヲ選ビ之ニ背負子ヲ托シ肩紐ヲ緩メ或ハ杖ニテ支ヘ又ハ背ヨリ脱シ休憩スルヲ利トス

背負子ヲ負ヘル儘立姿ヲ以テ息纖ノ爲小休止ヲ爲ス場合ニ於テハ下方或ハ側方ニ向キ兩足ハ同水平面上ニ在ラシムルヲ要ス

四、駄馬ノ休憩ニ方リテハ馬首ヲ谷側ニ向ケ轉落ノ防止ニ勉ム急峻ナル坂路ニ於テハ全部隊同時ニ休止スルコトナク前方駄馬群ト連絡シ逐次其ノ休止位置ニ到リ休憩スルヲ可トスルコトアリ

鞍傷豫防竝ニ疲勞輕減ノ爲概ネ三時間以内ニ一回卸下、脫鞍ス

五、休憩ニ方リテハ裝具、器材等ノ整頓ヲ確實ニシ斷崖、斜面等ヨリ轉

落セシメズ夜間ノ休憩ニ於テ特ニ然リ

第四十八　山嶽地通過ニ於テハ道路補修ノ爲屢〻停止スルコトアルヲ以テ此ノ時間ヲ漫然ト停止スルコトナク休憩ニ利用スルヲ要ス

第四十九　山嶽地ノ行軍ハ平地ニ比シ勞力大ナルヲ以テ空腹ヲ伴フモノナリ而シテ空腹感ハ行軍力ヲ減殺スルヲ以テ之ガ防止ノ爲糧食ヲ增加シ或ハ間食ヲ給スルヲ要ス然ラザル場合ニ於テモ一回ノ食事ヲ二、三回ニ分食スルヲ利トス但シ宿營時ニ於ケル夕食ハ其ノ要ナシ

第五節　危害豫防

第五十　山嶽地ノ特性上危害豫防ノ爲特ニ考慮スベキハ人馬ノ轉落、氣象ノ激變ナリ

馬ノ轉落ノ主ナル原因ハ積載品ノ擊突、遽止或ハ隅角通過ニ於ケル後肢ノ蹈外シ等ナルヲ以テ之ガ防止ノ爲ニハ此等ノ原因ヲ考慮シ適切ナル道路ノ

構築竝ニ適正ナル馭法其ノ他防滑手段ヲ講ズルコト緊要ナリ
氣候ノ激變ニ方リテハ沈著シテ行動シ特ニ部隊ノ指揮掌握ヲ確實ナラシムルヲ要ス

第五十一 道路構築ニ方リ考慮スベキ事項概ネ左ノ如シ

一、路幅ハ各隊ノ意見ヲ綜合スルニ駄馬通過ノ爲最小限四〇糎トス但シ鞍側ノ障碍ハ除去ス
二、傾斜ハ勉メテ緩ナルヲ可トスルモ至短距離ハ約1/3ニテモ可能ナリ
三、曲半徑ハ馬匹ノ回轉ノ爲最小限度二米五〇ヲ必要トス
四、構築セル道路ト雖モ部隊ノ通過ニ依リ破損スルヲ以テ之ガ補修ヲ勵行シ維持ニ勉ム

第五十二 行軍間ニ於ケル馭法ニ方リ特ニ注意スベキ事項左ノ如シ

一、馬ニ自由ヲ與ヘ地形ヲ十分觀察セシメ誘導ス之ガ爲たずなヲ稍〻長ク保持シ馬ノ運動ヲ妨害セザルニ注意ス夜間ニ於テ特ニ然リ

二、馬ノ運歩、姿勢、四肢ノ著地ニ注意シツツ誘導ス
三、音聲、舌鼓等ノ適切ナル副扶助ニ依ル誘導ヲ要スルコトアリ
四、短切急激ナル扶助ヲ禁ジ氣長ニ誘導ス危險地域、屈曲路通過ニ於テ特ニ然リ
五、急峻路ニ於テハ補助綱ヲ用ヒ又ハ後方馭法ヲ利トスルコト少カラズ
六、屈曲路ニ於テハ馬ノ側方屈撓運動ヲ自然ニシ蹈外シ防止ニ留意ス
七、狹小路ニ於テ駄載品ヲ地物ニ撃突セシメザルニ注意ス側方ニ突出セル駄載品等ニ於テ特ニ然リ

第五十三　岩石地帶通過ニ方リ馬ノ防滑ノ爲ニハ防滑蹄鐵、草鞋等ヲ裝著セシムルヲ要ス

第五十四　山地通過ニ方リテハ豫メ全般ノ氣象ヲ明カニスルト共ニ特ニ行動スル地域ノ氣象ノ特性ヲ調査研究シ其ノ對策ヲ講ジ置クヲ要ス

第四章　特殊地域ノ通過法

第五十五　斷崖（急斜面ヲ含ム）、溪谷、雪溪、岩石地、這松地帶其ノ他特ニ通過困難ナル局地ノ通過ニ方リテハ特殊ノ技術及施設ヲ必要トス

第五十六　斷崖（急斜面ヲ含ム）ヲ通過セントスルトキハ先ヅ豫メ訓練セル斷崖攀登兵ヲシテ攀登（降下）セシタ斷崖上ヨリ綱、縄梯子等ヲ吊下セシメ部隊主力ハ之ニ依リ攀登（降下）スルモノトス而シテ馬匹ノ通過ハ通常不可能ナルヲ以テ別路ヲ迂回セシムルコト必要ナリ

斷崖通過ハ特殊地形通過法中最モ困難ニシテ危險ヲ伴ヒ特殊ノ技術ヲ要スルモノトス其ノ細部ハ附錄其ノ一ニ據ル

第五十七　露岩、這松地帶ハ所謂高山ノ特色ニシテ內地ニ於テハ標高二、五〇〇米以上ノ地帶ニ存シ氣象ノ影響甚大ニシテ這松、石南花等ノ高山植物群生シアリ

露岩ハ所々ニ風化セル岩石、土砂ヲ交ヘ岩石ニハ間隙部少カラズ特ニ馬匹ノ歩行困難ニシテ駄馬道ヲ建設シ得ル場合ノ外通過概ネ不可能ナリ又這松内ノ長期ノ行動ハ人馬共ニ至難ニシテ特ニ馬匹ハ不可能ナルヲ通常トス

第五十八　露岩、這松地帯ノ通過ニ方リ特ニ留意スベキ事項左ノ如シ

一、露岩ノミノ部分ヲ通過スルトキハ通常人員ニ於テハ特別ナル施設ヲ要セザルモ馬匹ノ為ニハ岩石ノ間隙少キ部分、風化岩石ノ多キ部分ニ進路ヲ選定スルヲ要ス止ムヲ得ザルドキハ土のう、叺、莚等ヲ以テ岩石ノ間隙ヲ塡實シ或ハ岩面ヲ被ヒ以テ岩石ノ間隙ヘノ沒入又ハ躓キ等ヲ防止セザルベカラズ

二、這松地帯ニ於ケル進路ハ這松群生地域ノ接際部或ハ土砂多キ地域ニ選定シ這松内ハ之ヲ避ク而シテ這松ノ除去ニ方リテハ樹高五〇糎程度ノモノニ在リテモ樹幹ハ地面ニ沿ヒ五乃至七米ニ及ブコトヲ考慮シテ作業ス

三、露岩、這松地帯ハ遮蔽物ナク上空ニ暴露シアルヲ以テ企圖ノ祕匿ヲ要スル場合ニ於テハ急速ニ頂上ヲ突破スルカ或ハ夜間又ハ天候空中偵察困難ナル時期行動スル等ノ著意必要ナリ

第五十九 雪渓ハ高山ノ特色ニシテ中緯度ノ地方ニ於テハ標高概ネ三、〇〇〇米ニシテ初夏ノ候ト雖モ存シ四、〇〇〇米以上ニ及べバ常時存在ス雪渓ノ狀態ハ季節、氣溫、標高等ニ依リ雪狀或ハ氷狀ヲ呈シ何レモ歩行困難ニシテ「スキー」、輪樏或ハ金樏等ヲ装備スルヲ必要トス

雪渓通過ニ方リテハ先ヅ若干名ヨリ成ル作業班ヲ先行セシメ進路ヲ開設スルヲ要ス進路ハ登降ニ於テハ電光形ヲ、横斷ニ於テハ水平ヲ可トス作業ハ十字ぐわ、円匙等ヲ以テ足場ヲ掘開シ部隊ノ歩行ヲ容易ナラシムルヲ主トシ斷崖其ノ他轉落ノ危險多キ地域ニ於テハ轉落防止ノ手摺綱等ヲ設備ス

進路凍結時ノ作業ハ困難ニシテ特殊ノ技術ヲ要ス卽チ其ノ動作ハ斷崖攀登ニ於テ組ヲ以テスル攀登手ノ動作ト同樣綱ヲ以テ互ニ身體ヲ連絡シ相互ノ

滑落ヲ防止シツツ一歩々々足場ヲ掘開シツツ進路ヲ構成ス

部隊ハ作業班ノ開設セル進路ヲ所要ノ補備ヲ爲シツツ前進スルモノトス

第六十　樹根多キ坂路ニ於テハ馬匹ノ爲爲シ得ル限リ樹根ヲ伐採シ蹟キヲ防グヲ要ス軟土ニシテ滑走シ易キ地形ニ於テ特ニ然リ

第六十一　密林、急斜面、斷崖ノ側面ヲ通過スルトキハ鞍側ノ障碍除去ニ留意スルコト緊要ナリ

第五章　宿營及給養

第六十二　山嶽地帶ニ於ケル宿營及給養上ノ特性左ノ如シ

一、人口稀薄ニシテ人家點在スル地域又ハ全ク住民ナキ地域ヲ通過スルヲ要スルヲ以テ宿營力極メテ乏シク又物資貧弱ニシテ且交通不便ノ爲給養ハ追送若クハ携帶糧秣ニ依ラザルベカラズ

二、道路ハ一般ニ駄馬ノ通過スラ不能ナル場合多シ故ニ部隊ノ行軍長徑

ハ著シク増大シ後方機關ノ追及、補給共ニ困難ナルヲ以テ作戰初期ヨリ補給機關ヲ各縱隊又ハ地區每ニ分屬スルヲ要ス

三、氣象特ニ晝夜氣溫ノ變化烈シキヲ以テ之ニ應ズル防寒及防濕ノ處置ヲ爲スコト必要ナリ

第六十三 宿營ニ方リテハ既存施設ノ利用殆ド不可能ナルヲ以テ常ニ露營ヲ覺悟シ其ノ準備ヲ周到ナラシメ置クヲ要ス

第六十四 露營地ノ選定ニ方リテハ露營地ハ天候ニ對スル人馬ノ保護ニ適シ特ニ高山ニ於テハ給水及採暖ニ便ニシテ且天空地上ニ遮蔽シ得ル地區ヲ適當トシ高山地帶ニ露營ヲ豫期スル場合ニ於テハ採暖及被服乾燥用薪炭ヲ若干携行スルヲ要ス而シテ作戰上ノ要求ニ支障ナキ限リ高山地帶ニ露營地ヲ選定スルコトナク爲シ得レバ標高二、五〇〇米以下ニ選定スルヲ可トス

〇某部隊ガ富士山頂三、七〇〇米ニ宿營セシ際六〇%ノ高山病患者ヲ發生セルコトアリ

第六十五　露營ニ方リ企圖ヲ祕匿スルハ通常困難ナルヲ以テ有ユル手段ヲ講ズルコト緊要ナリ
森林地帶ニ在リテハ對空遮蔽容易ナルモ炊煙ニ依リ企圖ヲ察知セラルルコト多キヲ以テ炊事ハ夜間行フコト必要ナリ

第六十六　作戰計畫又ハ行軍計畫ニ伴フ給養計畫ニ方リ特ニ考慮スベキ事項左ノ如シ

一、行動スル山嶽地ノ特性把握
二、行動時ノ氣象判斷
三、部隊ノ行動概要
四、裝備(糧秣、被服、需品)ノ決定竝ニ整備
五、作戰前後ニ於ケル給養ノ狀況
六、作戰(行軍)間ニ於ケル給養、補給ノ圓滑竝ニ宿營設備ノ完備

第六十七　山嶽地作戰ニ適スル糧秣決定上ノ著眼概ネ左ノ如シ

一、容積、重量少ニシテ榮養價ニ富ミ且炊事實施ニ便ナルモノヲ可トス

乾「パン」、砂糖餅等ヲ携行シ得バ便ナリ

二、食慾増進ニ適スル品種(塩、乾魚類等)ヲ用フルヲ可トス

三、防渇品タル飴玉、「キヤラメル」、「ドロップス」等ノ加給品ヲ併用シ得バ有利ナリ

第六十八 山嶽地行動ニ於ケル給養ノ適否ハ特ニ體力ニ影響スル所甚大ナリ故ニ左記ノ事項ニ注意スルヲ要ス

一、作戰間ノ給養ハ必ズシモ良好ナラザルヲ以テ其ノ前後ノ給養ハ特ニ良好ニス

二、出發前ノ喫食ヲ適切ニスルト共ニ行動間數次ノ喫食ヲ爲ス

三、空腹ヲ感ズル反面過勞及標高(二、五〇〇米以上ニ長時間アルトキ)ノ影響ニ依リ食慾減退ヲ來スルコト少カラザルヲ以テ副食物ニハ食慾増進ニ適スル物ヲ選定スルヲ可トス

四、高山地帶ニ行動スル場合所謂高山病患者ノ發生ヲ考慮シ給養定額ノ一〇〇分ノ一以內ノ重患者食ヲ準備スルヲ可トス

五、屠獸ヲ携行スル場合ニ於テハ山地行動ニ適スル羊又ハ山羊ヲ可トス

六、高山ニ於ケル炊事(標高概ネ三、〇〇〇米以上ニシテ沸騰點攝氏八五度程度)ハ氣壓ノ關係上「半煮エ」トナルヲ以テ之ガ防止策ヲ講ズルヲ要ス之ガ爲加壓炊飯法ニ依ルカ或ハ乾「パン」ヲ使用スルヲ便トス(糧秣本廠研究高層山嶽地ニ於ケル炊事要領參照)

○加壓炊飯法

「ゴム」ヲ以テ「パッキング」トシ飯盒ノ蓋ニ裝著シ更ニ針金ヲ以テ蓋ヲ縛著シ氣密保持ヲ良好ナラシムルトキハ概ネ平地ト同様ニ炊事シ得

七、飢餓ヲ覺エタル場合ニ於テハ一時腹帶ヲ締ムルヲ可トス

八、馬ニ對シテハ行軍中絕エズ生草ヲ給與スルト共ニ草ナキ地域ニ向フニ先ダチ勉メテ多クノ生草ヲ採取シテ携行ス

第六十九 給水ニ方リ著意スベキ事項概ネ左ノ如シ

一、出發前水筒ニ湯茶(爲シ得レバ薄キ砂糖湯)ヲ充實スルト共ニ馬ニ對シテハ水飼ヲ十分ナラシム

二、行軍間ハ勉メテ飲水セザルヲ可トス之ガ爲人員ハ適宜防渴品ヲ、馬匹ハ青草ヲ給與スルヲ可トス

三、人馬ニ對スル給水量ハ築營敎範ニ據ル

第七十 山嶽地作戰ニ適スル糧秣裝備ノ一例附表第十一其ノ一乃至其ノ三ノ如シ

本裝備ノ他ニ行動發起ノ當初二、三日間ニ要スル糧秣ハ前送シ置キ又山嶽地帶ニ入リタル後所謂「食延バシ」ノ方法ヲ採リ更ニ空中補給ヲ行フコトヲ得バ行程ヲ增大シ得ベシト雖モ糧秣裝備ニ於テ最モ困難ナルハ馬糧ナルヲ以テ經路ノ選定ヲ適切ニシ作戰上支障ナキ限リ自然ノ野草ノ存在スル地域ヲ行動スルヲ可トス

第七十一　夏季高山ニ行動スル爲ノ個人被服裝備ノ一例附表第十二其ノ一乃至其ノ三ノ如シ

第七十二　需品裝備（給養器具共）ハ左ノ如ク增加携行セシムルヲ要ス

一、個人、馬裝備

濾水筒及「ゴム」袋各一箇

生草給與ノ爲必要ナル鎌（三馬ニ一箇ノ比）

二、部隊裝備

搬水具（中隊單位二）

薪炭採取用器具（鋸、小斧等）

天幕

三、防濕準備

宿營ノ爲下敷トシテ必要ナルモノノ外乾「パン」、「マツチ」、煙草等發汗又ハ降雨ニ依ル防濕ノ爲油紙、「セロフアン」紙、「ゴム」袋等ヲ豫メ

準備携行スルヲ可トス

第七十三　輸送及補給ハ人馬ノ負擔量、携行法、携帶糧秣ノ消費要領竝ニ其ノ補給法等ト密接ナル關係ヲ有ス

一、人馬ノ負擔量

人ニ依ル糧秣輸送ノ爲ニハ背負子ニ依ル擔送ヲ可トス而シテ其ノ負擔量ハ體力及地形ニ依リ異ナルモ概ネ一人四〇瓩以下（著裝及携行品ヲ含ム）ヲ適當トス馬ノ負擔量モ人ト同樣體力及地形ニ依リ異ナルモ一馬概ネ八〇瓩內外（馱馬具ヲ除ク）ヲ適當トス

二、携行法

輜重及行李ノ人馬、裝備用糧秣其ノ他ノ携行ニ方リテハ必要ノ最小限ヲ人馬ニ携行セシメ其ノ他ハ取纒メテ馱載携行セシムルコトニ依リ輸送機關、人馬ノ行軍能力ヲ增加ス

三、携帶糧秣ノ消費要領及補給法

第一線部隊ハ携帶糧秣概ネ五日分ヲ裝備セシメ之ガ使用ニ方リテハ先ヅ二日分(七日分携帶シアル場合ニ於テハ五日分)ヲ消費シ爾後二日分ヲ行李糧秣ヲ以テ補充シ行李ハ輜重糧秣ヲ以テ補給ス而シテ行李ヨリ第一線ニ對スル補給竝ニ輜重ヨリ行李ニ對スル補給ハ間歇的(二、三日ニ一回トナルコト多シ)ニ補給スルヲ可トス尚其ノ他飛行機ニ依ル著陸若クハ投下補給、軌送ニ依ル高地ヨリ低地ヘノ補給、索道ヲ利用スル溪谷地ノ補給、前送行李及輜重ヲ利用シ若干行程毎ニ事前集積等ヲ實施スルヲ利トスルコトアリ

第六章　衛　生

第一節　人

第七十四　高山ノ衛生學的特性トシテ擧グベキモノ概ネ左ノ如シ

一、氣壓、氣溫ノ低下

標高ノ上昇ト共ニ氣壓ハ低下シ爲ニ運動ニ必要ナル酸素ノ攝取ニ困難ヲ來シ運動能力減退ス然レドモ低氣壓ニ慣熟スルニ從ヒ運動能力ハ體內ニ於ケル赤血球數ノ增加、血色素量ノ增加、代謝機能ノ順應等ト相俟チ增强サルルモ平地ニ於ケル程度ニハ至ラズ

氣壓低下ハ更ニ浪費呼吸ヲ行ハシメ其ノ結果肺胞內ノ炭酸「ガス」壓ノ低下ヲ來シ次デ血液內ニ過鹼症ヲ惹起スルコトアリ慣熟ニ依リ浪費呼吸ハ消失スルモ慣レザル者ニハ硫化安母ヲ與フルヲ可トス

二、氣象ノ急變

高山ニ於テハ氣溫低下ス故ニ防寒ニ關シ宿營及被服ニ就テ留意セザルベカラズ然レドモ保溫、防暑上留意スベキハ單ニ氣溫ノミニアラズシテ風速、濕度及直射日光ヲ併セ考慮スルヲ要ス高山ノ特性トシテ時ニ風速增大シ濕度ノ變化著シク又晴天ノ場合ニ於テハ直射溫ノ高キニ注意スルヲ要ス

高山ニ於テハ氣象狀況急變スルコト多キヲ以テ防雨雪、保溫等ノ爲ノ被服其ノ他ノ準備ニ遺憾ナキヲ要ス

三、宿營及休養

高山ニ於ケル宿營地ハ爲シ得レバ標高概ネ二、五〇〇米以下ニ選定スルヲ可トス

高山ニ慣熟セザル者ハ標高二、五〇〇米以上ニ宿營セバ高山病ヲ發生シ戰力ヲ低下シ易ク縱ヒ酸素吸入ヲ行ハシムルモ一時的ニ恢復スルノミニシテ持久的ノ效果ヲ求メ得ズ一般ニ輕重ノ差アレドモ高山ニ於テハ頭痛アリテ熟睡シ得ザルヲ以テ藥物ニ依ル安眠ヲ講ゼザルベカラザルコトアリ

四、負擔量及負擔方法

負擔量ハ四〇瓩ヲ超エザルヲ可トス

人選ト訓練トヲ適切ニセバ五〇瓩以上ヲ負擔シ得(第一章參照)

負擔量四〇瓩ヲ超ユレバ體力强健ニシテ高山ニ慣熟セル者ニアラザル限リ一般步兵ト行動ヲ共ニシ得ズ負擔ノ方法ハ負擔物ノ形狀、重量等ニ拘ラズ負擔物ノ重心ノ垂線ガ薦骨上端ト交ハル位置ニ在ラシムルヲ可トス

五、弱兵ノ選出

高山作戰ニ於テハ體力著シク劣レル兵ハ之ヲ殘置スルカ若クハ其ノ負擔量ヲ極度ニ輕減スルノ要アリ

六、給　水

高山ニ於テハ給水源ヲ求ムルコト困難ニシテ又之ヲ求メ得ルモ撒水困難ナルコト少カラズ故ニ所要ノ先發者ヲ派遣シ所要ノ準備ヲ爲スコト必要ナリ

第七十五　醫极内容品ハ運搬ノ困難ナルニ鑑ミ其ノ必要程度ニ應ジ傷者發生ト同時ニ必要ナル物、隊繃帶所ニ於テ必要ナル物、此等ノ補充用ニ區分シ分割人力ヲ以テ搬送セザルベカラズ

高山ニ於ケル特殊衞生材料ノ主ナルモノ左ノ如シ

一、酸素吸入裝置

對瓦斯醫极內容品ニテ可ナルモ酸素筒ノ重量ヲ考慮スルトキハ藥物ニ依ル酸素發生劑及裝置ヲ携行スルヲ可トス

二、背負式擔架

坂路ニ於テハ背負式擔架ヲ要ス坂路急峻ナラザル場合ニ於テハ籠式擔架ヲ便トス

三、保溫材料

第七十六　救護班ハ部隊ノ大小ト其ノ編成トニ依リ異ナルモ少クモ三箇班トシ縦長ニ區分シ狀況ニ應ジ主力ヲ中央若クハ後尾ニ位置セシム
傷者ノ處置ハ停止セザレバ行ヒ得ザルヲ以テ自衞竝ニ傷者運搬ノ爲相當ノ兵力ヲ必要トス
傷者ノ運搬ハ二人伍ニテ行フ場合ニ於テハ坂路ノ傾斜ノ緩急ト高度ニ依リ異ナルモ三〇分毎ニ交代ヲ要シ背負式ニ於テハ更ニ半減ス

第二節　馬

第七十七　山嶽地帶ニ於ケル行動ハ平地ニ比シ疲勞大ニシテ特ニ高山ニ於テハ人ト等シク高山病ノ影響ヲ受ク故ニ馬ノ體力保持上其ノ對策ノ適否ハ部隊ノ行動ニ響影スルコト極メテ大ナリ特ニ考慮スベキ點ヲ擧グレバ左ノ如シ

一、行軍部署

行軍部署ノ良否ハ體力保持上極メテ緊要ナリ

二、高山病

三、〇〇〇米以上ニ於テハ人ニ近キ症狀ヲ呈ス

三、疲勞ノ恢復竝ニ榮養ノ保持

疲勞ノ恢復竝ニ榮養ノ保持ニ就テハ飢餓ノ防止、給與量、負擔量、榮養劑ノ加給等ニ關シ考慮スルヲ要ス

1、飢餓ノ防止

馬糧等ニ粗飼料ノ給與ニ勉ム之ガ爲野草、樹葉、小樹枝等ヲ積極的ニ利用シ勉メテ大量ヲ食セシム

2、給與量

榮養保持上給與量ヲ十分ナラシムルコト勿論ナリ其ノ最小限量ニ關シテハ更ニ研究ヲ必要トスルモ今回ノ實驗ニ依レバ飲水量ハ少クモ一日平均約一〇立トシ標高二、五〇〇米以下ニ於テハ築營教範ニ準ズルモノトス

3、負擔量

負載品ヲ除キ最大量八〇瓩トス但シ全備重量馬體重ノ三分ノ一ヲ超過セザルコト緊要ナリ尚積載容積大ナルモノ及駄載物ノ重心ノ如何ニ依リテハ更ニ減量スルヲ要ス

4、榮養劑

馬ノ體力保持上榮養劑ノ加給ハ其ノ效果良好ナリ

四、肢蹄ノ保護

肢蹄保護ノ爲ニハ特殊ノ保護裝蹄ヲ必要トス又一般ニ落鐵多キヲ以テ之ガ豫防ニ專任スル蹄鐵工兵ヲ必要トス

五、鞍傷ノ豫防

鞍傷ノ豫防ニ關シテハ特ニ馬背ノ保護ニ勉ムルコト緊要ナリ

六、腰部ノ保護

降リ行軍ノ步度ハ急速ナラザル如ク注意スルヲ要ス卽チ降リ行軍ニ於テハ一般ニ步度伸展シ易ク爲ニ馬匹ノ疲勞ヲ增加シ且腰部ノ疾患ヲ生ジ易シ又登リ行軍ニ於テハ駄載品ノ重心位置ハ平地行軍ニ比シ後方ニ

轉移シ易キヲ以テ注意ス

第七十八 宿營特ニ山頂ニ於ケル宿營ニ於テハ氣溫ノ低下ト風トニ依リ體溫ノ消失大ナルヲ以テ毛布、莚等ニ依ル馬體ノ保護、風ノ障蔽等ニ留意スルヲ要ス

第七十九 山地ニ於テハ體力ノ强弱極メテ著明ニ現ルルヲ以テ個體調査ヲ十分ニシ以テ體力ニ應ジ積載量ヲ加減スルヲ要ス

豫備馬ハ一〇乃至二〇分ノ一ヲ必要トス

附録

断崖通過要領

第一 断崖通過ハ大ナル危険ヲ伴フモノナルヲ以テ綿密ナル偵察ニ依リ適切ナル進路ヲ選定シ實施ニ方リテハ最モ沈著シテ周密ナル注意ノ下ニ行動スルト共ニ果敢ナル決意ト突破セザレバ已マザル旺盛ナル敢闘精神トヲ必要トス

第二 進路ノ選定ニ方リテハ断崖全般ノ狀態ヲ観察シ其ノ組成、斜面ノ景況ヲ考慮シ通常電光形ニ進路ヲ選ブヲ利トシ攀登ノ際ハ常ニ下降路ヲ顧慮スルヲ要ス之ガ爲特ニ注意スベキ事項左ノ如シ

一、断崖、急斜面ハ之ヲ遠距離ヨリ視察スルトキハ通常急峻ニ見ユルヲ以テ勉メテ接近シテ攀登ノ可否ヲ決定ス又傾斜ノ景況ハ視察方向ニ依リ著シク異ナリテ見ユルヲ以テ各方向ヨリ視察スルヲ要シ少クモ正面

及側面ヨリノ視察ヲ必要トス

二、岩壁順層(俗稱山つきニシテ岩層內向キトナリタルモノ)ナルトキハ一般ニ落石等ノ處少ク手懸リ、足懸リ確實ニシテ登降容易ナルモ逆層(俗稱前かぶりニシテ岩層外向キトナリタルモノ)ハ岩石剝脫シ易ク危險大ナリ(第一圖)

第一圖

三、草木繁茂セル場所ハ概ネ攀登容易ナリ然レドモ「根張リ」浅ク剝脱スルコトアルヲ以テ之ガ利用ニ方リテハ草木ノ岩石ニ對スル固著ノ程度ヲ豫メ確ムルヲ要ス

四、攀登ニ際シ手足ノ支點アル場合ト雖モ中腹ニ相當ノ岩石突出シアルトキハ攀登頗ル困難ナルヲ以テ成ルベク避クルヲ可トス

概略ノ進路決定セバ次デ中間目標、確保ノ地點ヲ選定シ更ニ手懸リ、足懸リ等細部ノ偵察ヲ行ヒ攀登ノ爲ノ順序方法ヲ定ム

第三 通過ハ各個、組、部隊ノ通過ニ區分シ各個、組ノ通過ハ主トシテ部隊通過施設ノ爲部隊通過ニ先ダチ攀登兵實施スルモノトス

第四 各個通過ノ要領左ノ如シ

一、通過動作ハ總テ急グコトナク安全確實ヲ主トス

二、登降ノ要領ハ斜面竝ニ岩石ノ景況ニ依リ異ナルモ通常先ヅ次ノ手懸リ、足懸リヲ見出シ之ガ堅度ヲ點檢シタル後動作ヲ起シ運歩ハ常ニ四

肢ノ中三點ニテ身體ヲ支ヘツツ一肢ヅツ運ビ主トシテ脚ニテ立チ脚ニテ登降シ腕ハ單ニ體ヲ支フルニ止ムルヲ要ス

三、眼ハ進路ヲ注視シ眩暈ヲ防グ爲必要以外ニ妄リニ下方ヲ見ザルコト必要ナリ

四、足ハ側面ノミ接スルコトナク足ノ裏ヲ平ニ蹈ム之ガ爲體ヲ斜面ニ過度ニ接觸スルハ適當ナラズ寧ロ體ハ成ルベク斜面ヨリ離シ身體ノ自由ヲ得ルヲ利トス眼ハ廣ク上方ヲ見テ進路ヲ誤ラザルヲ要ス而シテ常ニ平衡ト律動トヲ保持スルハ運步ヲ輕快ナラシムルノ基礎タリ（第二圖）

第二圖

其ノ一

① 頭ト胸ヲ岩壁ヨリ離ス

② 膝ヲ外側ニ開キ足ヲ以テ登ル

③ 手ノミニ頼リ過ギル

其ノ二

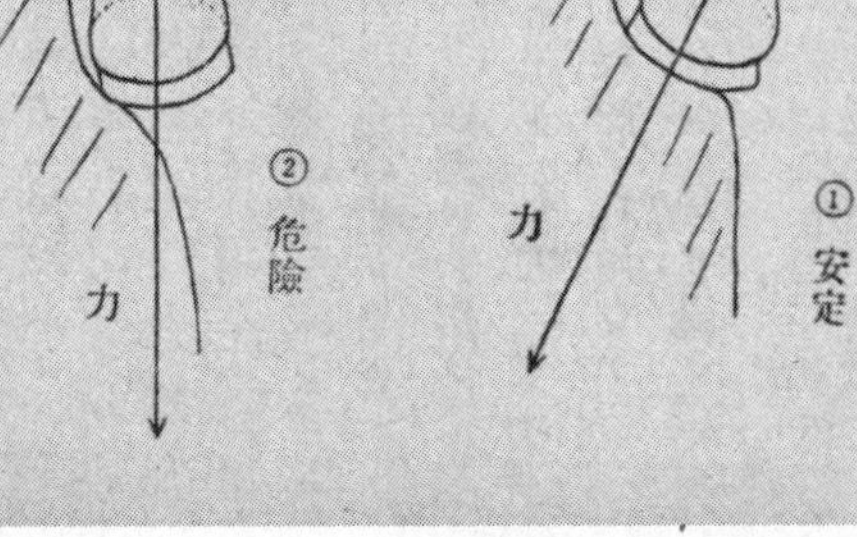

① 安定

② 危險

五、登降中方向ヲ變換スルニハ先ヅ確實ナル兩手ノ支點ヲ求メ谷脚ヲ蹈出シタル姿勢ニテ體重ヲ兩手ニ托シ徐々ニ上體及脚ヲ内方ヘ捻轉スルヲ要ス

六、殆ド手掛リナキトキハ掌ヲ斜面ニ密著スル如クシ下方ノ手ハ指ヲ下方ニ向クル如ク著キ(逆手)其ノ位置ハ體重ヲ支フルニ便ナル如ク略〻中央ニシテ體重ヲ支ヘツツ片脚ヅツ移動シテ前進ス此ノ際ニ於ケル方向變換ハ支撐ノ臂ヲ加ヘ前述ノ要領ニ依リ腰ノ捻轉ヲ圓滑ニ行フヲ要ス

七、狹崖、凹角等ノ攀登ニ於テハ背ト脚トノ突張ニ依ル摩擦ヲ利用シテ登降スルヲ利トス此ノ場合ノ姿勢ハ崖ノ廣狹、岩壁ノ狀況ニ依リ異ナルモ通常兩足ヲ揃ヘ膝ヲ稍〻屈シテ略〻水平ニ横タヘ背及腰ヲ岩ニ密著セシメ兩臂ヲ輕ク垂レテ後崖ニ接ス攀登ニ際シテハ片足ヲ以テ後壁ヲ壓シ兩膝ヲ伸バシテ身體ヲ持上ゲ掌ハ片方ヲ後壁ニ、片方ヲ前壁ニ

置イテ突張リ足ノ力ヲ補ヒツツ攀登ス（第三圖）

第三圖

後壁ニ突出凸、凹ナク滑リ易キ場合ニ於テハ兩足ヲ前ニシテ兩手ニテ後壁ヲ壓シツツ體ヲ持上ゲ次デ片足ヅツ上ニ擧ゲテ攀登スルヲ可トスルコトアリ此ノ際ノ降下モ亦攀登ニ準ジ行フ

第五　組ノ通過ハ綱及人梯ニ依ル通過ニ分ツ其ノ要領左ノ如シ

一、綱ニ依ル通過

附錄　斷崖通過要領

1、本方法ハ三人又ハ二人ノ身體ニ同一ノ綱ヲ縛著シ相互連繫幇助ヲ爲シツツ登降スルモノニシテ大ナル斷崖ヲ通過セントスル場合ニ用ヒ各個人ノ攀登降下要領ハ各個通過ノ場合ニ準ズ
綱ハ登山綱（又ハ强キ麻綱）ヲ使用スルヲ可トス通常長サ三〇米ノモノヲ用フ

2、綱ハ三人（二人）等分シ兩端及中間ヲ左ノ要領ニテ縛著ス
イ、先頭兵、後尾兵…………もやひ結
ロ、中央兵…………………中間結

3、人選ハ攀登（降下）ノ場合左ノ標準ニ從フモノトス
イ、先頭兵……………伎倆上位（中位）ノ者
ロ、中央兵……………伎倆下位ノ者
ハ、後尾兵……………伎倆中位（上位）ノ者

4、斷崖登降ノ要領ハ一名ヅツ行動シ他ノ者ハ此ノ間之ニ協力シテ共

ノ行動ヲ容易ニシ且墜落ヲ防止スル如ク綱ヲ以テ確保スルコト緊要ナリ各人ノ通過要領ハ各個通過ノ要領ニ依ルヲ要ス（第四圖）

第四圖

肩がらみ確保

樹木ヲ利用セル確保要領

5、確保ノ要領ハ岩角或ハ磨鐵、樹木等ヲ利用シテ確實ナル支撐點ヲ求メ或ハ自己ノ身體ニ綱ヲ托シテ登降者ノ行動ニ從ヒ綱ヲ操作シ若シ墜落セントスルトキハ之ヲ確實ニ支ヘ得ル姿勢ト準備トニ在ルヲ要ス此ノ際綱ノ磨損ヲ防グ爲岩角ニハ布或ハ革等ヲ當ツルノ著意必要ナリ

6、登降ノ順序ハ先ヅ先頭次デ中央トシ爾後ハ先頭、後尾、中央ノ順トス二人ノ場合ハ交互ニ行フ而シテ前進ニ方リテハ他ノ者ガ確保ノ位置ニ就キタルヲ認メタル後行動スルヲ要ス

7、各人ノ前進停止ハ相互ニ合圖又ハ音聲ニ依リ密ニ連絡スルコト必要ナリ相互目視シ得ザル場合ニ於テ特ニ然リ

8、前進距離ハ相互ノ確保及連繫ヲ密ナラシムル爲過度ニ大ナラシムルコトナク小刻ミニ行フヲ可トス

9、綱ノ結ビ目ハ先頭兵ニ準ジテ行フ

10、登降ニ際シ綱ヲ強ク張リ過ギ實施者ノ行動ヲ妨害セザルヲ要ス又

緩ニ過ギテ不慮ノ際機ヲ失スルガ如キコトナキヲ要ス

11、下方ニ在ル者ハ常ニ上方ノ者ニ注意シ不意ニ轉落シ來ル岩石ニ依リ危害ヲ被ラザルヲ要ス

12、斷崖ヲ降下スル場合ニ於テモ攀登ノ要領ト等シク實施スルヲ通常トスルモ狀況ニ依リ捨綱(輪綱)及補助綱ヲ利用シテ降下スルコトア

第五圖

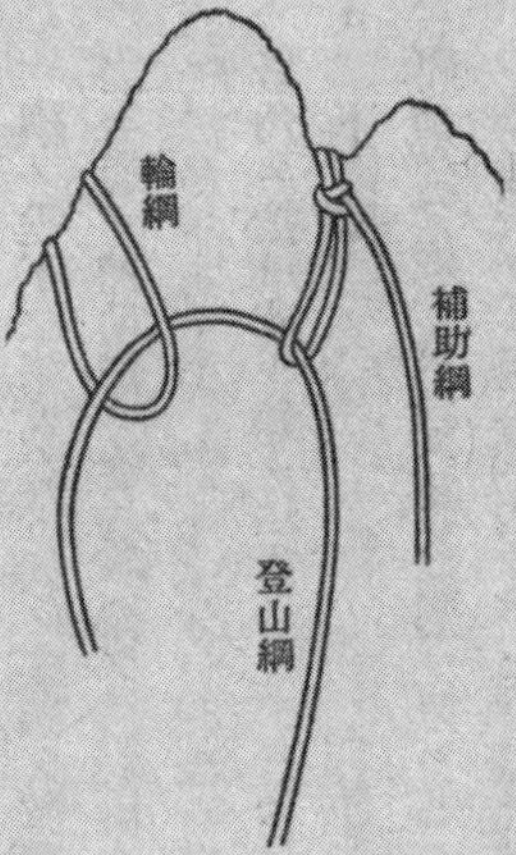

リ其ノ要領左ノ如シ

イ、綱ノ垂下法第五圖ノ如ク輪綱ヲ確實ニ岩角等ニ懸ケ登降用綱ヲ之ニ通シ補助綱ヲ輪綱ニ結ブ補助綱ハ輪綱ヲ取ルニ使用ス岩角等ニ懸吊スルトキハ豫メ十分ニ調査シ確實ニ輪綱ヲ懸ケ且結ビ目ヲ岩角ニ接セザル如ク注意スルヲ要ス

ロ、下降法

腰掛式（肩がらみ）（第六圖）

距離大ナル場合ニ於テ行ヒ實施比較的容易ニシテ大ナル安全感ヲ與フ又兩足ヲ自由ニ動カシ得ルノ利アリ

第六圖

其ノ一
腰掛式

綱ハ股間ヨリ腋下ニ廻ハシ胸ノ上方ヲ經テ肩ヨリ背ニ至リテ背面ニ取リ兩手ニテ調節シツツ繰ル

其ノ二

纏繞式…………………距離小ナル懸崖ノ場合ニ用フ(第七圖)

綱ハ跨ノ外部ヨリ内側ニ廻ハシ同足ノ外側ヲ經テ靴底ヨリ他足ノ甲ニ出ヅル如ク纏繞シ兩手ニテ調節シツツ降下ス

第七圖

二、人梯ニ依ル通過(第八圖)

1、本方法ハ體操教範ニ示ス要領特ニ依托人梯ノ要領ニ依リ小斷崖ニ對シ數人協同連繋シテ行フモノナリ

2、人梯ヲ利用シ斷崖上ニ達シタル者ハ臂、脚或ハ綱等ニ依リ下方者ヲ引上グルヲ要ス

3、人梯ヲ構成スルニ方リテハ基梯タルベキ者ノ足場ニ注意シ要スレバ若干工事ヲ施スコト緊要ナリ是斷崖下ノ足場ハ多ク踵部ガ降下シアル爲支撑極メテ困難ナレバナリ故ニ改修ニ方リテハ足尖ノ部分ヲ

少シク下向スル如クセバ確保シ易シ

4、梯ヲ解クトキハ瓦解シテ外傷ヲ生ゼザル如ク徐々ニ屈シテ解クヲ要ス此ノ際上方ノ者樹木、草、岩壁等ヲ利用セバ容易ナリ但シ岩、草、木ニ頼ルトキ豫メ良ク確メテ不慮ノ危害ナキヲ要ス

5、此ノ外人梯ハ單ニ手懸リ、足懸リヲ求ムル爲利用スルコト多シ二人組ノ攀登ニ於テ特ニ然リ

6、攀登兵ノ足ヲ支持シテ攀登ヲ幇助スルコトアリ此ノ場合ニ於テハ攀登兵ノ支持足ヲ岩壁ニ接シ支點ヲ堅固ナラシムルヲ要ス

第八圖

人梯利用ノ一例

第六　部隊通過ノ要領左ノ如シ

一、山嶽地帯ニ行動スル部隊ハ豫メ部隊ニテ教育セル攀登兵又ハ臨時教育セル運動能力優秀ナル兵ヲ以テ進路開設隊（部隊ノ大小ニ依リ異ナルモ歩兵大隊ニ在リテハ約一小隊ノ兵力）ヲ編成シ部隊長直轄シテ使用シ進路ノ偵察、開設ニ任ゼシム

二、断崖ニ遭遇セル場合ニ於テモ地形、戦況特ニ敵情之ヲ許セバ迂回ニ依リ断崖ヲ避クルヲ可トス故ニ部隊長ハ断崖一般ノ景況就中障碍ノ程度竝ニ戦況ヲ考慮シテ断崖ヲ攀登スベキヤ或ハ迂回スベキヤヲ決定スルヲ要ス

三、部隊ノ断崖通過一般ノ要領ハ其ノ障碍ノ程度ニ依リ異ナルベシト雖モ先ヅ若干ノ先登兵ヲシテ各個通過或ハ組通過ノ要領ニ依リ攀登セシメ然ル後補助綱ニ依リ綱、縄梯子等ヲ引上ゲ之ヲ断崖ニ懸吊シテ部隊主力ヲ通過セシムルヲ通常トス此ノ場合ニ於テ一般ニ注意スベキ事項

左ノ如シ

1、進路上ニ斷崖アルヲ豫期セバ速カニ斥候（先登兵ヲ可トス）ヲ派遣シ豫メ進路ヲ選定シ且斷崖ノ景況ニ應ジテ先登兵ヲ先進セシメテ部隊主力ノ到著ニ先ダチ通過ノ設備ヲ爲サシムルコト必要ナリ

2、懸吊スル綱、繩梯子等ハ部隊ノ大小ニ應ジテ其ノ數ヲ適切ニシテ死節時ヲ少カラシメ以テ通過速度ヲ減少セシメザルヲ要ス

3、數段ニ亙リ斷崖アル場合ニ於テハ各斷崖ニ對シ部隊ノ通過前ニ先登兵ヲシテ通過設備ヲ爲サシムル如ク部署スルヲ要ス

4、進路開設隊ハ勉メテ保存シ大ナル斷崖ノミニ使用スルコト必要ナリ輕易ナル斷崖ノ如キハ一般兵ニ於テ實施セザルベカラズ然ラザレバ進路開設隊過勞ニ陷リ最モ緊要ナル時期ニ餘力ナク不慮ノ危害ヲ被ルコトアレバナリ

5、進路開設隊ノ設備セル綱等ニ依リ部隊ノ一部通過セバ部隊ハ進路開設隊ノ綱ノミニ頼ルコトナク自體ニ於テモ綱、梯子等ヲ懸吊シテ通過ヲ速カナラシムルノ著意必要ナリ

四、各種地形ニ於テ輕易ナル綱ノ操法ニ慣熟スルハ機動力增大ニ至大ノ效果アリ故ニ一般兵ト雖モ綱ノ使用法ヲ會得シアルヲ要ス（第九圖）

第九圖

輕易ナル綱使用ノ一例

五、縄梯子ノ登降要領ハ體操教範ニ準ズ（第十圖）但シ離梯スル際體重ノ變移ニ依リ梯索ノ滑走動搖スルコトアルニ注意スルヲ要ス

吊下地點ニ於テ梯ヲ保持シテ幇助スルハ有利ナリ

第十圖

六、單綱ニ依ル登降ハ通常綱ヲ身體ノ中央ニテ操作シ成ルベク眞直ニ登リ脚ハ勉メテ岩壁ニ直角ニ足裏ヲ平ニ著ケ片脚ヅツ反動ヲ取リツツ登降スルヲ可トス

綱ハ三〇糎毎ニ結節ヲ作ルヲ要ス是把握容易ニシテ防滑ノ利アレバナリ

七、部隊斷崖ヲ通過スルニ方リテハ通過地點ニ將校若クハ下士官ヲ配置シテ通過ノ要領、順序等ヲ指導スルヲ要ス又崖上、崖下或ハ中間ノ要點ニハ所要ノ人員ヲ配置シテ登降者ニ適宜指示ヲ與ヘ或ハ幇助シ通過ヲ容易ナラシメ且危害ヲ豫防スルヲ要ス

八、兵器、物料ハ成ルベク人ノ登降ト同時ニ各人携行スルヲ可トスルモ大ナル斷崖或ハ重火器等ノ如キ重キ兵器、物料ハ綱ヲ吊下シテ上方ヨリ引上グルヲ通常トス(滑車ノ項參照)此ノ際滑車ヲ利用スルヲ適當トス

九、兵器、物料引上ノ爲ノ綱吊下ノ位置ハ岩壁ニ凹凸、樹木少ナク且崖上ノ確保確實ナル場所ニ選定スルヲ要ス

十、引上物料ハ綱トノ結著ヲ確實ニシ覆或ハ莚等ヲ以テ包ミ引上ニ際シ磨損ヲ防グコト緊要ナリ

十一、綱、摩車等ハ磨損、破損多キヲ以テ常、豫備品ヲ準備スルコト緊要ナリ

十二、登降能力ノ基準

岩壁ノ狀況、傾斜等ニ依リ著シク異ナルモ傾斜七〇度、高サ三〇米ノ斷崖ニ於テ攀登ノ爲ニハ組ヲ以テスル場合ニ於テハ約一五分、綱ヲ利用スル場合ニ於テハ一人約三分ヲ要シ又降下ノ爲ニハ綱ヲ利用スル場合ニ於テハ一人約三分ヲ要ス

第七　危害豫防ニ關シテハ終始深甚ナル注意ヲ拂フヲ要ス特ニ注意スベキ事項左ノ如シ

一、實施ニ先ダチ準備運動ヲ十分ニ行ヒ身心ニ準備ヲ與フルヲ要ス疲勞時ニ於テ特ニ然リ運動ハ臂、平均、頭ノ運動等ヲ必要トス

二、器材ノ整備、點檢ヲ綿密確實ニ行ヒ且登降場ノ岩質、土質ノ特性ニ留意スルコト必要ナリ

三、危害ハ危險大ナル場所ノ通過ヨリ寧ロ攀登ノ終了直後或ハ將ニ降下シ終ラントスルトキ或ハ一見シテ輕易ナル斷崖ナルガ如キ等精神上ニ

緩ミヲ來セル場合ニ多キヲ以テ通過ノ終始ヲ通ジテ精神ヲ緊張シ輕擧ヲ愼シムコト極メテ緊要ナリ

第八　器材ヲ整備シ其ノ使用法ニ慣熟スルハ斷崖通過ノ爲緊要缺クベカラザルモノナリ故ニ之ガ取扱ニ方リテハ常ニ尊重、愛護セザルベカラズ

1、主要ナル使用器材

イ、登山綱

痲絲ヲ撚リタル中徑一一乃至一二粍ノ綱ヲ可トシ長サ三〇米内外、重サ約四瓩トス

ロ、輪綱(捨綱)

登山綱ト同質ノモノニシテ中徑約七〇糎乃至一米ノ輪ト爲シタルモノニシテ降下ノ場合岩角等ニ懸ケ使用スルモノナリ(第六圖)

ハ、補助綱

梯及索等ノ引上用或ハ降下ノ際輪綱ヲ取ルニ用ヒ細キ紡績絲ニテ可ナリ

ニ、斷崖通過用ノ履物

地下足袋、草鞋ハ攀登ニ適ス軍靴等革底ノ靴ハ滑リテ不適當ナリ斯クノ如キ

履物ノナキ場合ハ斷崖ノ通過時期ノミ裸足ニテ行フヲ可トス但シ寒地ニ在リテハ登山靴ヲ要ス

ホ、繩梯子（第十一圖）

抗力十分ナル麻綱ヲ撚リタルモノニテ製シ柱索及索棧ハ分解シ得ルヲ可トス

索棧ハ登降ノ際屈撓スルコト多キヲ以テ木棧ヲ準備シ得バ登降容易ナリ

第十一圖

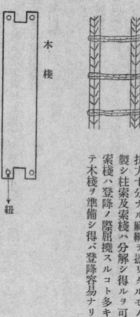

へ、十字ぐわ……………現用ノモノニテ可

ト、岩　釘（金杭）（第十二、第十三圖）

第十二圖

岩面、岩隙ニ打入シテ手懸リ、足懸リトス

岩釘ノ打込ミノ例（十三圖）

第十三圖

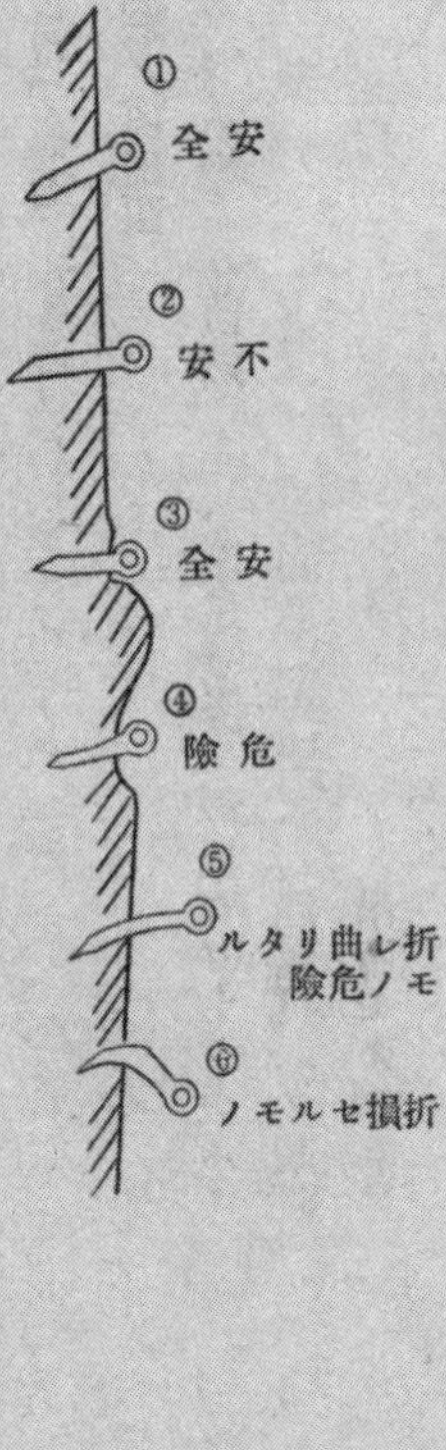

チ、其ノ他雪渓ニハ金樏(鐵製ニシテ靴ノ裏面ニ縛著ス)ヲ必要トシ警笛、懐中電燈、磁石、滑車等ヲ携行スルヲ可トス

2、綱ノ使用法

イ、綱ノ操法ニ慣熟スルハ斷崖登降ヲ輕快容易ナラシムル爲極メテ緊要ナリ卽チ綱ハ組、各人間ヲ結合シ相互連繫幇助ノ基礎トナリ且危害ヲ豫防シ或ハ部隊通過ニ於テ先頭兵ノ吊下セル綱ニ依リ登降スル等其ノ使用頗ル多シ

ロ、綱ノ結ビ方ハ簡單ニシテ且夜間ト雖モ實施シ得ザルベカラズ又使用中緩ミ或ハ固ク締著ケザルヲ要ス

ハ、結ビ目ノ位置ハ通常右手利キノ者ハ左腋ニ接シ胸ノ上部トスルヲ可トス通常用ヒラルル結ビ目左ノ如シ(第十四圖)

(1)　もやひ結……先頭兵及後尾兵ニ用ヒラレ操作簡單ニシテ確實ナリ使用最モ多シ

(2) 二重結……一本ヲ胸ニ、一本ヲ肩ニ通シテ綱ノ「スリ抜ケ」ヲ防グニ利アルモ結ビ目大トナル害アリ初心者、傷者、疲勞セル場合ニ便ナリ

(3) 中間結……中央者ニ用ヒラレ操作簡單ナリ

(4) こま結……綱ヲ繋グニ用フ

第十四圖

其ノ一
もやひ結

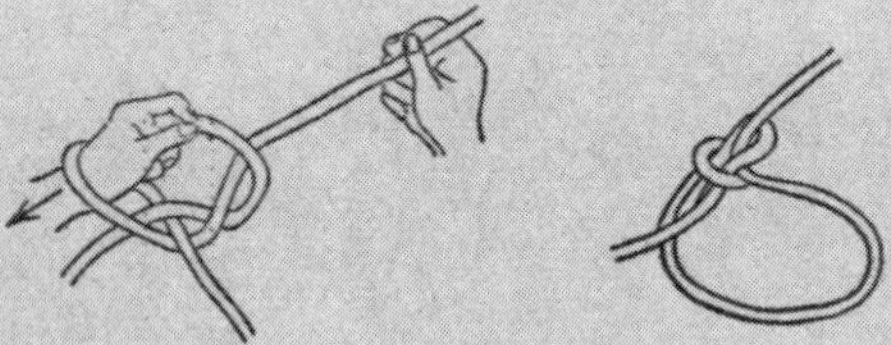

其ノ二
二重結

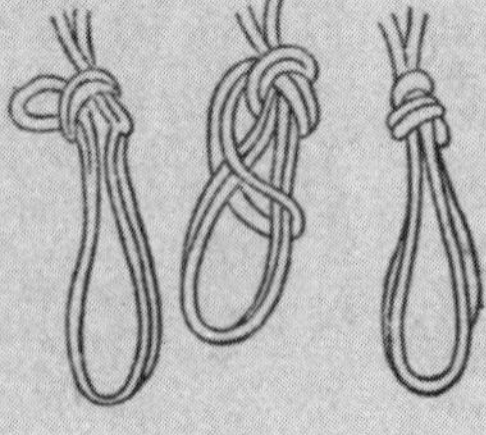

其ノ三
中間結

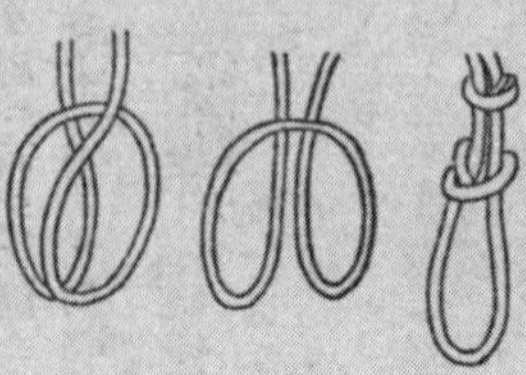

其ノ四
こま結

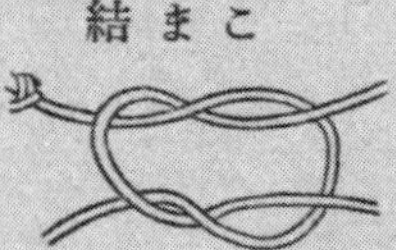

二、綱ノ巻キ方竝ニ携行法

綱ノ巻キ方ハ運搬容易ニシテ使用ニ方リ撚レザルコト緊要ナリ

肩ニ掛ケテ行フ場合（長距離使用セザル場合ニ用フ）（第十五乃至十七圖）

第十五圖

第十六圖

第十七圖

第九　最モ困難ナル局地ニ於ケル臂力搬送ノ要領左ノ如シ

一、歩兵ノ重火器ハ分解シ背負子搬送ニ依ルヲ利トス而シテ断崖、急斜面、雪溪其ノ他足場不良ニシテ重負擔ノ爲運歩堅確ヲ缺キ身體ノ安定不良トナリ滑リ、躓キ、轉落等ノ虞アル場合ニ於テハ直接搬送者ノ身邊ニ幇助者ヲ附シ負擔物ヲ支持シテ共ノ重量ヲ輕減セシメ或ハ身體ヲ幇助シテ動作ヲ容易ニスルヲ要ス又負擔物或ハ身體ニ綱ヲ縛著シ之ヲ稍〻離隔セル地點ニ於テ支持シテ通過動作ヲ援助スル等各種ノ手段ヲ講ズルヲ要ス共ノ一例第十八乃至第二十一圖ノ如シ

第十八圖

断崖(急斜面)攀登ノ場合
補助者上部ヨリ補助綱ニ依
リ引上グル方法

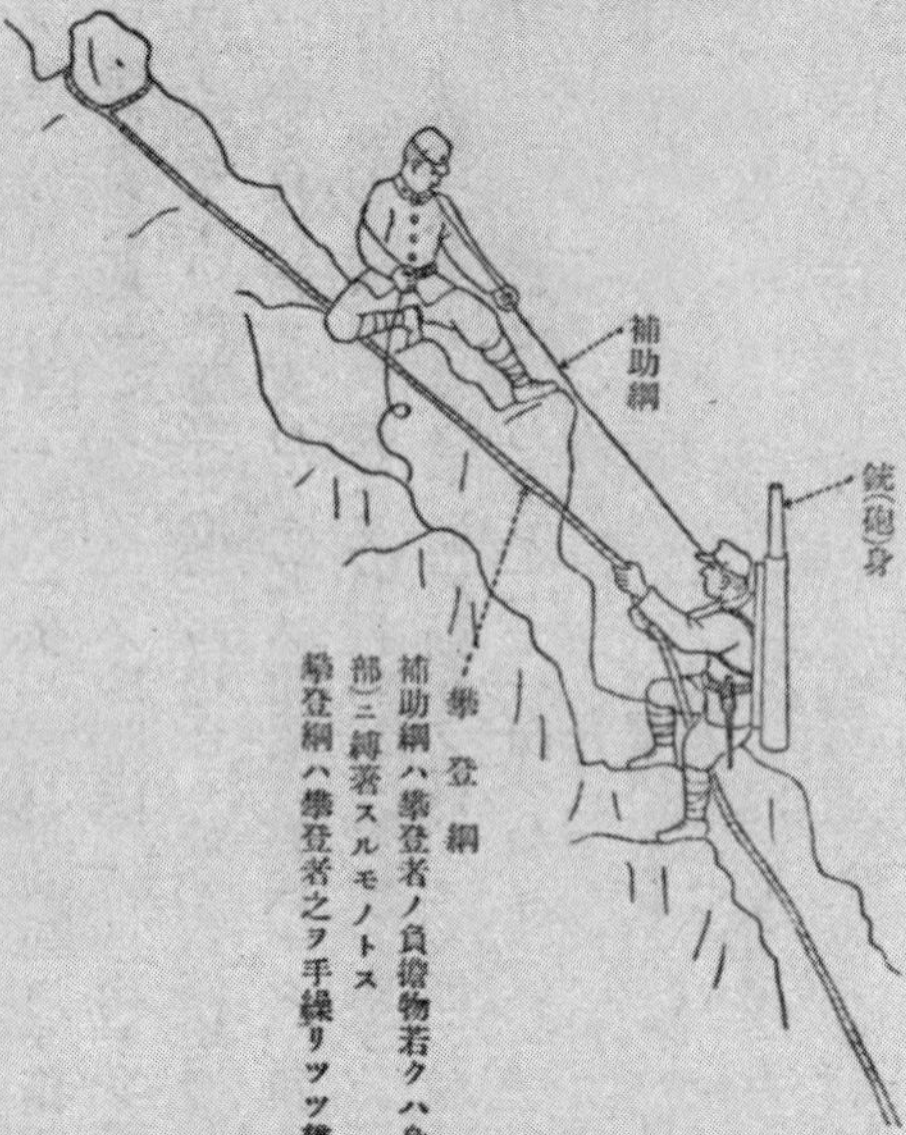

補助綱ハ攀登者ノ負擔物若クハ身體(腰部)ニ縛著スルモノトス
攀登綱ハ攀登者之ヲ手繰リツツ攀登ス

第十九圖

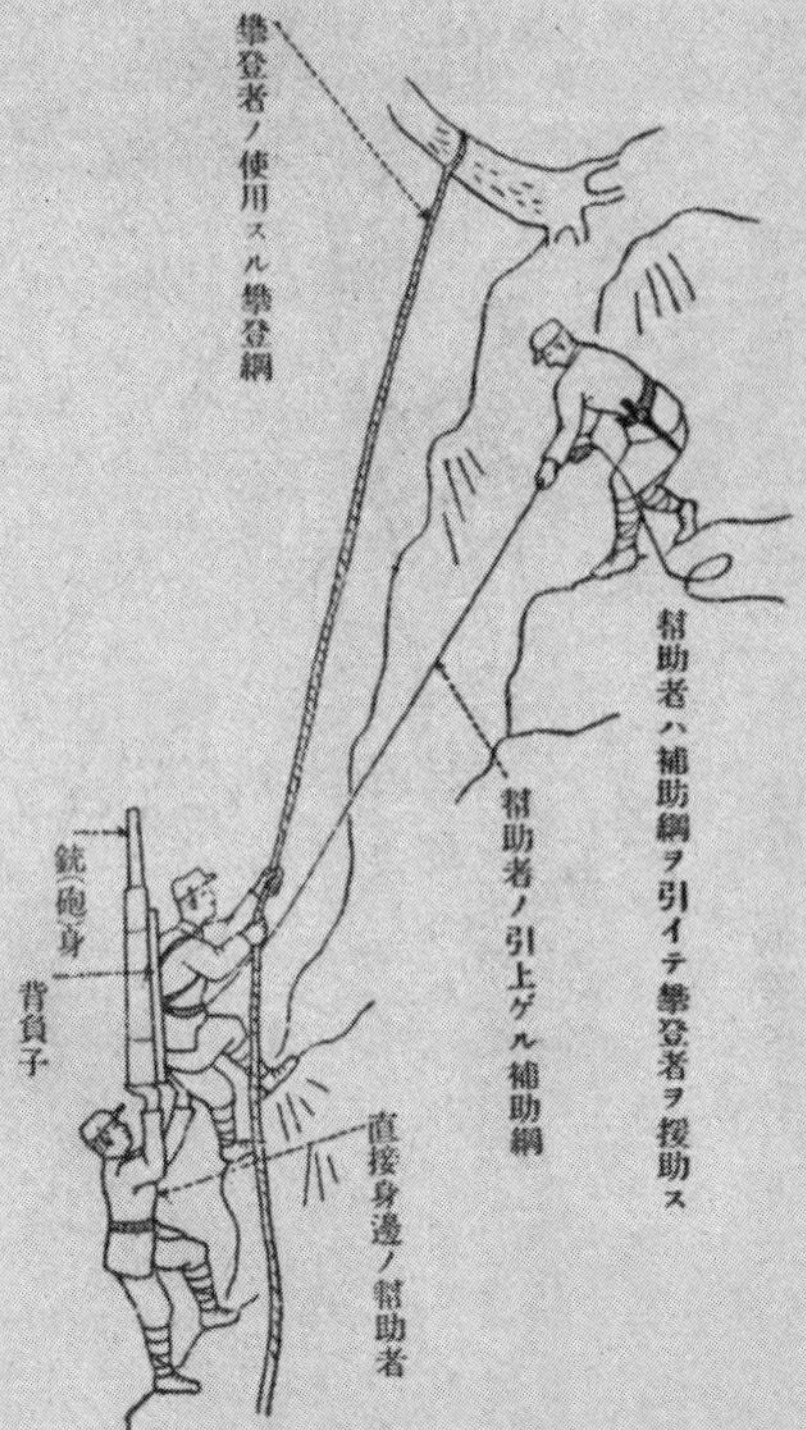
攀登者ノ使用スル攀登綱
幇助者ハ補助綱ヲ引イテ攀登者ヲ援助ス
幇助者ノ引上ゲル補助綱
銃(砲)身
背負子
直接身邊ノ幇助者

第二十圖

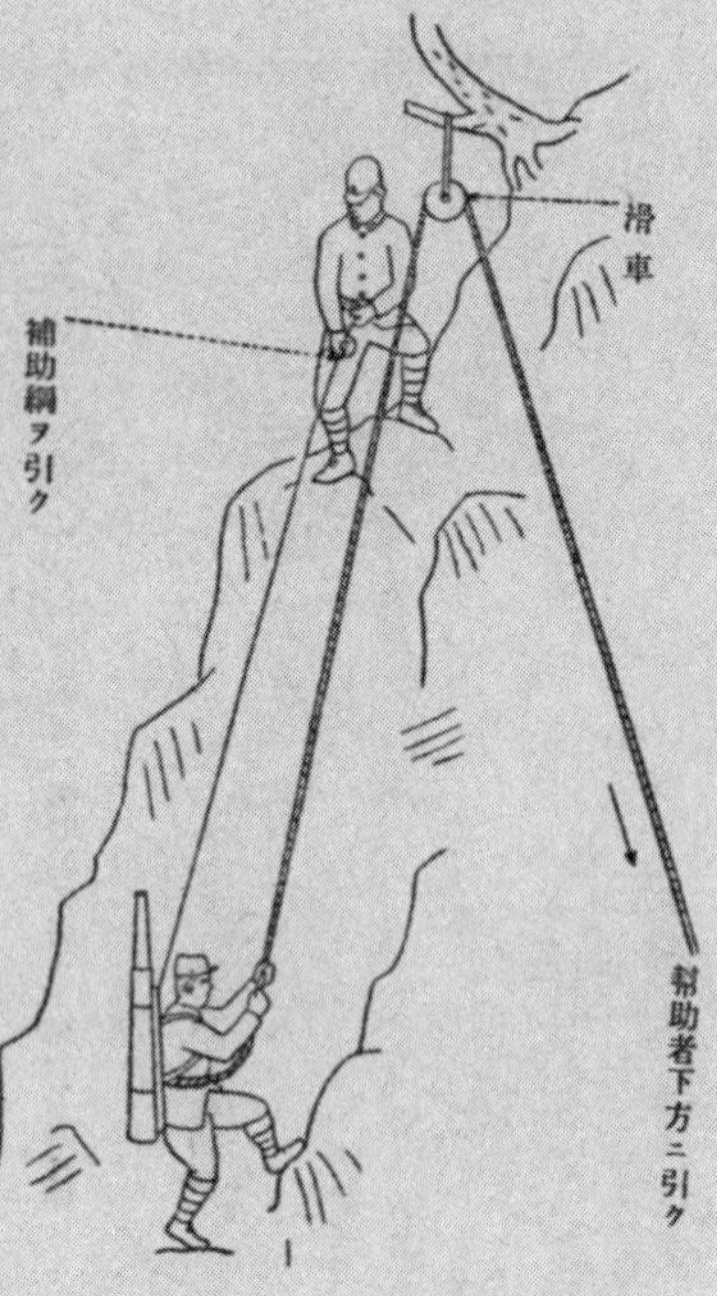

斷崖（急斜面）攀登ノ場合幇助者ノ一名ハ上部ヨリ補助綱ヲ以テ引上ゲ他ノ一名ハ下部ニ於テ滑車ヲ利用シ攀登者ニ縛著セル攀登綱ヲ引下グ

第二十一圖

斷崖（急斜面）降下ノ場合幇助者後方ヨリ補助綱ヲ引キツツ幇助スル方法

二、山砲其ノ他重量兵器、器材ノ臂力搬送

1、山砲ノ臂力搬送

イ、背負子、擔棒、竹桿ニ依ル搬送

本法ハ比較的長距離ニ亙リ實施スルモノニシテ普通分解セル各部品ノ重量、形狀異ナルヲ以テ之ニ應ジ一人ニテ背負子ヲ以テ背ニ負ヒ或ハ擔棒、竹桿等ニ部品ヲ縛著シ二人協同シテ肩ニ擔ヒテ搬送スルモノトアリ而シテ前者ハ重量ヲ概ネ全身ニ負擔シ後者ノ身體一部肩ニ負擔スルモノニ比シ持續性ニ富ミ運動容易ナリ何レニ依ルモ實驗ノ結果ニ徵スルニ砲手ノ平均體重ヲ約六〇瓩トスルトキハ其ノ負擔量ハ概ネ五〇瓩ヲ限度トス

ロ、應用材料ニ依ルコトナク直接肩ニ依ル搬送

本法ハ短距離ニシテ狀況急ヲ要スル場合ニ於テ實施スルモノニシテ各部品ニ對スル人員ノ部署左表ノ如シ而シテ本法ニ於テ一氣ニ

搬送シ得ル距離ハ狀況、地形、天候、氣象等ニ依リ異ナルモ訓練周到ナル部隊ハ良好ナル條件ニ於テ概ネ五〇〇乃至八〇〇米ナリ

人員部署表

部品	配當人員	部品	配當人員	部品	配當人員
右脚（五七瓩）	一	左脚（五七瓩）	一	砲尾（三七瓩）	一
車輪（七一瓩）	一	揺架（九七瓩）	二	彈藥箱（六〇瓩）	一〇
砲身（九四瓩）	二	防楯（二三瓩）	一		
器具箱（四〇瓩）二	一	砲架（九二瓩）	二		
合計 二二名					

2、通信器材其ノ他重量資材或ハ糧秣等ノ臂力搬送ハ通常背負子ニ依ル擔送ヲ利トシ其ノ要領ハ概ネ山砲ニ準ズ

山嶽地帶行動ノ參考 終

附表第一　機關銃分隊編成、裝備ノ一例（歩小徑ヲ利用スル場合）

編成	携行區分	糧秣携行（甲四日乙一日）	通常ノ裝備ニ對スル増加資材			
			背負子	資材	杖	其ノ他
分隊長				補助綱一		磁石、笛
一番	銃身		一	補助綱一	一	
◎二番	①ノ交代	①ノ糧秣				
三番	①ノ交代及前棍					
四番	三脚架		一	補助綱一	一	
◎五番	④ノ交代	④ノ糧秣				
六番	④ノ交代及後棍					
七番	彈藥箱		一	補助綱一	一	

◎八番	⑦ノ交代	⑦ノ糧秣				
九番	彈藥箱		一	補助綱	一	一
◎十番	⑨ノ交代	⑨ノ糧秣				
十一番	彈藥箱		一	補助綱	一	一
◎十二番	⑪ノ交代	⑪ノ糧秣				
十三番	彈藥箱		一	補助綱	一	一
◎十四番	⑬ノ交代	⑬ノ糧秣				
十五番	豫備 主トシテ進路ヲ開設スルヲ任トシ之ヲ要セザルトキハ彈藥手ノ交代要員トス			登山綱、鋸	一	
十六番				登山綱、なた	一	

備考
一、本編成ハ馭兵ヲ使用シ得ルモノトシテ考案セリ 二、◎ハ増員ニシテ擔送交代要員ナリ 交代ハ休憩毎ニ實施シ難路ニ於テハ其ノ一名ハ補助綱ニ依リ進路上確保點ヨリ引上ゲ他ノ者ハ直接幇助ニ依リ前進ヲ援助ス（路外モ同ジ） 三、本表ニ示セル資材ハ増加装備トス 四、①、②等ハ編成番號ヲ示ス 五、携行糧秣ハ自己ノ分ノ外ヲ示ス

附表第二　機關銃分隊編成、装備ノ一例（道路ナキ場合）

増加編成	携行區分	糧秣携行（甲四日 乙一日）	通常ノ装備ニ對スル増加資材 背負子	資材	杖	其ノ他
分隊長				補助綱一		夜光羅針、笛
一番	銃身		一	補助綱一	一	
◎二番	①ノ交代要員	①ノ糧秣				
三番	①ノ交代要員 前棍					
四番	三脚架		一	補助綱一	一	
◎五番	④ノ交代要員	④ノ糧秣				
六番	④ノ交代要員 後棍			「ロープ」二〇米一		
七番	彈藥箱		一	補助綱一	一	
◎八番	⑦ノ交代	⑦ノ糧秣				
九番	彈藥箱		一	補助綱一	一	

◎十番	⑨ノ交代	⑨ノ糧秣			
十一番	彈藥箱		一	補助綱一	一
◎十二番	⑪ノ交代	⑪ノ糧秣			
十三番	彈藥箱		一	補助綱一	一
◎十四番	⑬ノ交代	⑬ノ糧秣			
十五番	備豫 一、進路開設ヲ要セザル場合ニ於テハ主トシテ彈藥手ノ交代要員トス 二、進路開設ヲ要スル場合ニ於テハ⑮、⑰、⑱ハ排除及清掃ニ⑩ハ之ヲ援助ス 三、斷崖等ニ對スル通過設備ニ對シテハ四名協同シテ通過ノ設備ヲ實施ス			「ロープ」三〇米一	
◎十六番				「ロープ」三〇米一	
十七番				斧一 鋸一	
◎十八番				鎌一 なた一	

備考

一、本編成ハ馭兵ヲ使用シ得ルモノトシテ考案セリ若シ馭兵ヲ使用シ得ザル状況ニ於テハ更ニ二名ノ増員ヲ要スベシ

二、◎ハ増員ニシテ搬送交代要員ナリ

三、本表ニ示セル資材ハ通過路ノ特性ヲ考慮シ現在ノ装備ニ累加セルモノノミヲ示ス

四、①、②等ハ編成番號ヲ示ス

五、糧秣ノ携行ハ自己ノ分ノ外ヲ示ス

附表第三　歩兵砲隊編成、裝備ノ一例

立案ノ基礎
一、携帶口糧ハ甲三日分、乙二日分トス 二、馭兵ハ全員殘置ス 三、彈藥ハ各戰砲分隊TA六〇發、BIA二二發トス 四、作業隊ハ將校ヲ長トスル約一五名ヲ設クルモノトス

	區分		作業隊	指揮 中長	指揮 小長	指揮 命令受領下	指揮 下	指揮 觀測手
大隊砲	其ノ一	二門	長（准）一 下二 兵三	一	二	一	一	四
大隊砲	其ノ二	一門			一	一		二
大隊砲	携行器材							
速射砲	區分							
速射砲	其ノ一	一門編成	長（將）一 下二 兵三	一	一	一	一	一
速射砲	其ノ一	二門編成	長以下（一五）	一	二	一	一	一
速射砲	其ノ二	一門	長以下（一五）		一	（一）		
速射砲	携行區分							

班				
傳令	三	二		
喇叭手	一	一		
衞生兵	三	一		
分 長	四	二	彈藥四發	
1	四	二	脚 洗桿 円匙	一二
2	四	二	砲架 提桿 円匙	二一
3	四	二	車輛 携帶箱 円匙	一一
4	四	二	車輛 照準具箱 円匙	一一
5	四	二	砲身（除洗桿）十字ぐわ	
6	四	二	搖架 防楯 十字ぐわ	一一

傳令	二	二		一	
喇叭手	一	一		一	
衞生兵	二	二		一	
長	三	六	(一)	二	防楯 兩頭槌 二一
①	三	六	(一)	二	砲架
2	三	六	(一)	二	脚頭架 轅桿
3	三	六	(一)	二	右車輛 第三屬品箱
4	三	六	(一)	二	左車輛 第一屬品箱
⑤	三	六	(一)	二	砲身
6	三	六	(一)	二	同右

	隊					弾薬分(小)隊			計
	7	8	9	10		長	下	兵	
	四	四	四	四		一		一六	九三
	二	二	二	二		一		一	四七
	屬品箱 二 円匙	弾薬 六發 鋸	同右	弾薬 六發 斧					
	⑦	⑧	9	10	11				
	三	三	三	三	三	一	二	三	八五
	六	六	六	六	六	一		一	八五(一五)
	(一) 二	(一) 二	(一) 二	(一) 二	(三)				三六(三〇)
	搖架 小架	脚 二	弾薬箱 二	同右	1、5、7、8ノ背負袋				

備考

一、TA中隊ノ輜重兵三ハ除ク
二、( )中ハ輜重或ハ歩兵部隊ヨリ増員ヲ要スルモノヲ示ス
三、弾薬ハ大隊砲ニ在リテハ六發、速射砲ニ在リテハ三六發ヲ増ス
　　毎ニ大隊砲ハ二名、速射砲ハ三名ヲ増加スルヲ要ス
四、○印ヲ附セル者ハ背負袋ヲ除ク

附表第四　山砲小隊（一門）臂力搬送ノ為ノ編成、装備並ニ行軍部署ノ一例

立案ノ基礎

一、臂力分解搬送ノ為ノ所要人員ヲ基準トシテ一箇小隊ノ人員ニテ九四式山砲一門ヲ編成シ山地ヲ通過スル場合トス

二、中隊附屬機關ヨリ曹長及給養掛下士官並ニ段列ヨリ作業隊（下士官一、兵一〇）、衛生獸醫下士官及衛生兵、蹄鐵工務ノ配屬ヲ受ケタルモノトス

三、糧秣ハ人馬各〻四日分ヲ携行シアルモノトス（二週間ノ為ニハ更ニ糧秣駄馬約六頭（人糧一〇頭 馬糧一八頭）ヲ増加スルヲ要ス）

四、段列ヨリノ作業隊ノ携行器材ハ円匙三、十字ぐわ三、鎌四、なた二、斧二、鋸二、繋馬索三、石工具及標示材料若干トス

行軍部署

駄載（平地ト大差ナシ）

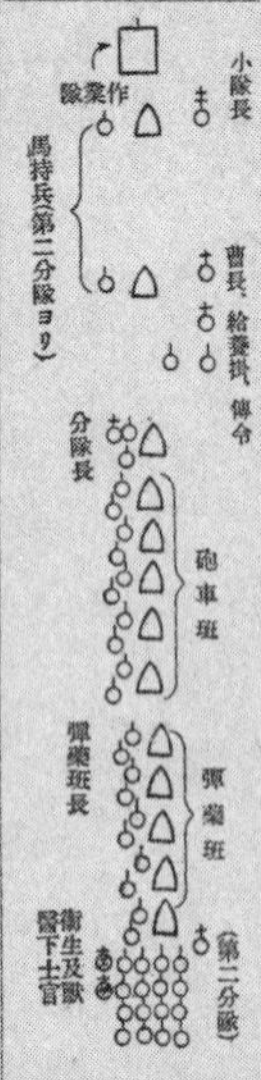

分解搬送

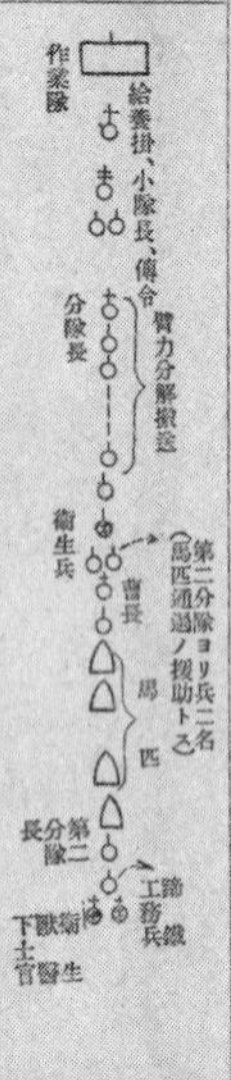

臂力（以下欠）		
火砲材料		銃身（洗桿）
重量（瓩）		九九・九
人員	搬送	二
	交代	一
所要資材	背當	
	肩當	三
	背負子	
	擔棒	一
	擔綱	
	小綱	二
	三尺杖	二
摘要		

分解搬送實施ノ爲ノ所要人員、資材一覧表

區分	重量									
搖架（匡體）	六五・〇	二	一		三		一		二	二
搖架（擔棍二）	四四・二	一		一				一		
砲架（車軸及、脚頭架）	四〇・〇	一		一		一			一	一
砲架（側板及接續架）	五三・〇	一		一		一			一	一
砲尾、防楯	五九・五	一		一		一			一	一
車輪（二）	一箇 三〇・三	二		二				二		
前脚（二）	右 三五・〇〇 左 三八・〇〇	二		二				二		
後脚（二）（鱶桿）	右 三八・〇〇 左 三六・〇〇	二		二				二	二	
器具箱（二）	第一 二六・一 第二 二五・二	二		二				二		
彈藥箱（二）	六四・〇	一〇		一〇		一〇		一〇	一〇	
計		二六	二	二六	六	一三	二	二〇	二〇	七

一、人員ノ配當ハ兵ノ體力ヲ考慮シテ決定シ且個人負擔量ノ輕重ニ依リ適宜交代スルヲ要ス

二、本表外ニ繫馬索及滑車若干ヲ携行スルヲ利トスルコトアリ

特ニ携行スルヲ可トスル器材

各馬

（イ）小仲間
（ロ）筒竹（水入）
（ハ）馬用草鞋
（ニ）防暑笠
（ホ）氷上蹄鐵
（ニ）（ホ）特ニ必要ナトキ

（イ）小仲間一
（ロ）地下足袋、草鞋
（ハ）水筒
（ニ）照明具
（ホ）靴傷膏
（ヘ）杖（砲手）
（ト）防暑垂布（夏季）
（チ）防寒手套、靴下各一
（リ）防寒襦袢、袴下各一
（ヌ）防寒覆面、耳覆各一
（ル）凍傷膏
（ヲ）色眼鏡
（ト）—（ヲ）特ニ必要ナトキ

幹部

個人裝備ノ外、小笛
（イ）傳聲筒
（ロ）夜光羅針
（ハ）携帶測角器
（ニ）携帶氣壓計
（ホ）標識用材料
（ヘ）小刀

附表第五　機關砲部隊編成、裝備ノ細部ノ一例

説明 ╲ 編成		分隊長	彈藥班長	一般砲 一番	二番	三番	四番	五番	六番	七番
山地特別部隊 分解臂力搬送	搬送物	全般指揮	駄馬指揮	車軸	車輪	前脚	架筒	脚	小架	搖架
	携行器材	懷中電燈一	懷中電燈一	各← 背負子一	背負子一	背當一	背負子一	背當一	背負子一	背負子一
				背囊←						
	摘要			三番ト適時交代						
山地特別部隊 繋駕又ハ駄載	搬送物	同上	彈藥班ノ指揮同上	駄載、卸下ノ實←						
	携行器材									
	摘要									
現編制部隊				駄載及卸下ノ實施ヽ分解搬送ニ方リテハ四回復行ス ←→						

手		作業												
八番	九番	一番	二番	三番	四番	五番	六番	七番	八番	九番	十番	十一番	十二番	十三番
尾筒	砲身	豫備品屬品箱	照準具	彈倉箱	彈倉箱	彈藥箱	彈藥箱	彈藥箱	彈藥箱					
背當一	背當一	背當一	背當一	背當一	背當一	背當一	背當一	背當一	背當一	懐中電燈一 円匙一	十字ぐわ一 鎌一	なた一	懐中電燈一 円匙一	十字ぐわ一
人杖一本←														
ヲ御シ駄載ス←										二番	四番	五番	六番	七番
←施														

平地ニ在リテハ

手	十四番		鎌一	八番		不要者ナリ		
手	十五番		懐中電燈一・円匙一	作一番				
手	十六番		十字ぐわ一	作三番				
手	十七番			作四番				
手	十八番			作五・六番				
手	十九番			作七・八番				
手	二十番		曳索一	輪・架筒馬				
手	二十一番		懐中電燈一	脚・小架馬				
手	二十二番		曳索一	揺架・砲身馬				
手	二十三番		懐中電燈一	彈藥馬				
馬馭	輪馬馭兵	所屬馭馬ヲ→						○
馬馭	架筒兵							○
馬馭	脚兵							○
馬馭	小架兵							○
馬馭	揺架兵							○
馬馭	砲身兵							○

兵				駄馬								
砲				砲馬						弾薬馬		
砲	第一弾薬兵	第二弾薬兵	第三弾薬兵	輪馬	架筒馬	脚馬	小架馬	揺架馬	砲身馬	第一	第二	第三
←取ス				擔棍2用		照準座杌	轅桿二	小円匙、小十字ぐわ、兩頭槌	擔棍甲			
				←飲料用水筒各馬四→ 落鐵時用「ゴム」靴各馬一								
				←背嚢各駄ニ載ス→								
				車軸	架筒	脚	小架	揺架	砲身	弾倉箱	弾倉箱	弾倉箱
										曳繋三、円匙二、十字二	円匙二	十字ぐわ二
○	○	○	○	○	○	○	○	○	○	○	○	○

備考

一、本表ノ外各兵ハ小仲間一ヲ携行ス

二、携行器材背當ハ藁又ハ布製ニシテ戰地ニ於ケル材料ノ取得及永續使用困難ナルヲ以テ裝備之ヲ許セバ背負子ト爲スヲ可トス

附表第六　工兵小隊編成、装備ノ一例

區分	品目	山嶽地通過ニ於ケル工兵小隊器材装備區分 第一分隊（岩石處理）	第二分隊（森林處理）	第三分隊（一般處理）	第四分隊（同上）	小隊	現装備 小隊（配當可能ナルモノ）
指揮連絡測量器材	一米折尺	一	一	一	一	四	二
	十米巻尺	一	一	一	一	四	○
	矢立	一	一	一	一	四	二
	標旗		二	二	二	六	○
	經始縄		一	一	一	三	二
	携帯測角器			一	一	二	一
	手旗（組）	一		一	一	三	一
	夜光羅針	一	一	一	一	四	二
木	斧		四	二	二	八	四

工器材	中山鋸	二	六	四	四	一六	四
	なた	二	四	四	四	一四	二
	釘抜槌			二	二	四	〇
	捩錐《ネヂレキリ》(一寸一分)		二			二	〇
	砥石		二			二	〇
土工器材	大槌	二	二	二	二	八	二
	携帯円匙	四	二	六	六	一八	二九
	十字ぐわ	四	二	六	六	一八	一〇
	中三本ぐわ			四	四	八	〇
	土搔			四	四	八	〇
	短鐵てこ	二				二	〇
小石工具		二				二	一
爆	導火索器具	三				三	一
	火具入	二				二	一
	圓形黄色薬(瓩)	一〇				一〇	二
	方形黄色薬(瓩)	五〇				五〇	五五

区分	品目	1	2	3	4	5	6
破器材	導火索(米)	一五				一五	三二
	導爆索(米)	四五				四五	五七
	點火管	二〇				二〇	一四〇
	導火雷管	三〇				三〇	一五〇
	「マッチ」	一三				一三	二
	麻絲	四〇〇				四〇〇	三六〇〇
	「ゴム」綿帶(巻)	二				二	四
	金巾(米)	一〇				一〇	一〇
	油紙(枚)	一〇				一〇	四
機力器材	鋼索		二			二	〇
	滑車		四			四	〇
	提吊		二			二	〇
	大鳶口		四			四	〇
	麻綱		六			六	〇
[illegible]	長荷造綱(本)	二六	二六	二六	二六	一〇四	一三〇

連結器材			其ノ他		備考
鐵線（16粍）（米）	釘（二寸）（本）	かすがい（本）	鐵線鋏	鐵條鋏	
					一、小隊ハ四分隊トシ一分隊ハ長以下一三名トス 二、各分隊ハ主トシテ左ノ作業ヲ實施スルモノトス 第一分隊　這松アル岩石地ノ處理 第二分隊　倒木アル森林ノ處理 第三 第四分隊　一般作業トシ棧橋構築及湧水處理ヲ考慮ス 三、器材ハ全部各自携行ス 四、各自負擔量（器材ノ外小銃、糧秣（四日分）、被服（耐寒）等）ハ約20瓩トシ背負子ヲ用フ
一二〇	二四〇	四八	二	一	
一二〇	二四〇	四八	二	一	
二四〇	四八〇	九六	四	二	
一瓩（六〇〇本）（16粍）	一二瓩（一二〇〇本）	五五本	○	○	現装備器材ハ中隊携帯器材、中隊器材、分隊器材及聯隊器材、小隊器材ヲ等分ニ小隊ニ配當シタルモノトス、

附表第七　通信部隊（二號機分隊）編成、装備ノ一例

任務	人員	携帯器材	臂力運搬時ノ運搬器材	駄馬	駄載區分
	分隊長（下士官）	呼子笛一、磁石一			
	副分隊長（上等兵）	呼子笛一			
進路補修班	1	円匙一			
	2	円匙一			
	3	円匙一			
	4	鋸一、なた一、踵鐵一、綱一			
	5	鐵てこ一			
	6	十字ぐわ一「ペンチ」一			
運	7（20）	背負子一 杖一	送信機箱	一號馬	送信機箱 空中線材料 鋼索（滑車五）
	8（21）	同右	空中線材料箱		
	9（22）	同右	受信機箱 甲	二號馬	受信機箱甲 受信機箱乙
	10（23）	同右	受信機箱 乙		

搬班	11	(24)	同右	一號箱	三號馬
	12	(25)	同右	二號箱	
	13	(26)	同右	三號箱	四號馬
	14	(27)	同右	機關	
	15	(28)	同右	油罐箱甲	五號馬
	16	(29)	同右	四號箱	
	18	(30)	同右	油罐箱乙	六號馬
	19	(31)	同右	油罐箱丙	
	32	(3)	同右	糧秣	七號馬
	33	(4)	同右	糧秣	
	34	(5)	同右	糧秣	八號馬
	35	(6)	同右	糧秣	

三號馬	一號箱 二號箱 橇
四號馬	三號箱 機關
五號馬	油罐箱甲 四號箱
六號馬	油罐箱乙 油罐箱丙
七號馬	糧秣
八號馬	糧秣

備考

一、人員欄括弧内ハ臂力運搬時ノ交代要員ヲ示ス
二、副分隊長ハ二分割セル場合一方ノ行軍ヲ指揮ス
三、人員數ハ下士官（分隊長）一名、兵四四名（番號兵ノ外ニ副分隊長（上等兵）一名、馭兵八名ヲ含ム）ニシテ馬匹八頭ナリ

附表第八其ノ一　通信部隊（三號甲分隊）編成、装備ノ一例（駄馬）

任務	人員	携帯器材	臂力運搬時ノ運搬器材	駄馬	駄載区分
分隊長	分隊長	呼子笛 磁石			
進路補修	1	円匙			
	2	円匙			
	3	十字ぐわ			
運搬	4 (2)	背負子一 杖一	通信機箱	一號馬	通信機箱 一號箱
	5 (3)	同右	一號箱		
	6 (10)	同右	二號箱	二號馬	二號箱 空中線材料
	7 (11)	同右	空中線材料箱		
	8	同右	糧秣	三號馬	糧秣
	9	同右	糧秣		

備考

一、人員欄括弧内ノ数字ハ臂力運搬時ノ交代要員ヲ示ス

二、人員ハ分隊長一、兵一四（内馭兵（三））ナリ

附表第八其ノ二　通信部隊（三號甲分隊）編成、裝備ノ一例（徒歩）

任務	携帯品
分隊長	暗號書、連絡規定、微光燈、ろうそく、磁石等
一番	送信機、電報用紙、水晶片、筆記具等
二番	受信機
三番	發電機電纜
四番	電池匣
五番	角燈、電壓計要スレバ線輪
六番	空中線、地線、電鍵、受話器、手入匣布、點檢用接續紐
七番	電池豫備品、円匙
八番	眞空管豫備品、円匙
九番	綱（一〇粍二〇米）、なた
十番	綱（一〇粍二〇米）、十字ぐわ
備考	一、右ハ完全軍装ニシテ背負袋ニ收納ス 二、水筒二箇携帯ス 三、八番ハ適宜三番ト交代ス

附表第九　九糎迫撃砲分隊山地特殊装備ノ一例

品目＼人員	九糎迫撃								
	♁	1	2	3	4	5	6	7	8
騎銃							1	1	1
背負子		1	1	1	1	1	1	1	1
夜光羅針	1								
大円匙		1			1	1			
大十字ぐわ			1	1			1	1	
なた									1
鎚		1	1						
鋸				1					
鎌					1				
懐中電燈		1							
細綱		1							
ろうそく(大)	2								

	砲分隊									計	備考
	9	10	11	12	13	14	15	蹄工 1	〃 2		大円匙、十字ぐわハ弾薬手ニ又小銃ノ増加セラレタルトキハ適宜携行セシム
										3	
	1	1	1	1	1	1	1			15	
										1	
										3	
										4	
										1	
										2	
										1	
										1	
								1	1	3	
										1	
	2									4	

右ハ普通携行装備ノ外ニ山嶽地ノ爲ノ携行器材ヲ揭ゲタルモノニシテ尙中隊附屬トシテノ特殊携行器材ノ一例左ノ如シ

品目 / 人員
騎銃
背負子
大円匙
大十字ぐわ
なた
鋸
鎌
懐中電燈
夜光羅針
ろうそく(大)

曹長	馬曹	馬下	衛生下	獸下	作業手1	作業手2	作業手3	作業手4	傳令	衛生兵1	衛生兵2	馬取扱兵	計
									1				1
					1	1	1	1					4
					1	1							2
							1	1					2
1		1											2
					1								1
					1	1	1	1					4
1	1	1	1	1					1	1		1	8
1	1	1	1	1									5
2	2		2	2					2			2	12

備考　小銃ヲ増加セラレタルトキハ作業手ニ適宜携行セシム

附表第十　小銃、輕機、擲彈筒、重機（臂力搬送）分隊ノ傾斜ニ應ズル行軍速度

登降	區間	圖上距離（粁）	比高（米）	傾斜	步行間傾斜ニ關スル所感	所要時間（含休憩）	時速（粁）
登リ	茅野—上槻木	七・〇	三〇〇	約 $\frac{1}{22}$	殆ド感ゼズ	二時〇〇	
	上槻木—伐木事務所	六・〇	六〇〇	$\frac{1}{10}$	局所的ニ「登リ」ノ感アリ	二時間一五分（三〇分每五分）	二・七〇
	伐木事務所—赤嶽鑛泉	三・〇	四〇〇	$\frac{1}{7、5}$	絶エズ輕度ノ「登リ」ノ感アリ	一時間三五分（三〇分每五分）	二・〇弱
	赤嶽鑛泉—行者小屋	一・三	五〇〇	$\frac{1}{2、6}$	「登リ」ヲ感ジ歩行ニ努力ヲ要ス	四五分間（一五分每五分）	一・七〇
	行者小屋—中嶽	〇・六	三〇〇	$\frac{1}{1}$　$\frac{1}{2}$	「登リ」ノ感強シ	一時間四〇分	〇・三七
此ノ間 $\frac{1}{1}$ 乃至 $\frac{2}{1}$ ノ断崖二〇〇米　所要時間三〇分							
降	硫黄嶽—夏澤峠	〇・八	三〇〇	$\frac{1}{2、6}$	呼吸極メテ樂ナルモ脚ノ衝撃感強シ	三五分間（三〇分每七分）	一・三〇
	夏澤峠—本澤溫泉	一・〇	三〇〇	$\frac{1}{3、3}$	脚ノ衝撃感少シ	三〇分間（三〇分每五分）	二・〇〇

リ						
本澤温泉—稲子	八・〇	八〇〇	110/1、0	歩行輕快、身體的苦痛ナシ	二時間（四五分毎一〇分）	四・〇〇
備考	一、小銃部隊ト重火器臂力搬送部隊トハ行動ヲ共ニセル爲小銃ハ重火器ノ爲相當制肘ヲ受ク 二、部隊ハ體力的ニ戰鬪ノ餘力ヲ十分保持シアリ 三、負擔量ハ小銃、LG、MWハ概ネ四三瓩、MGハ四四乃至四九瓩ナリ					

本表ノ綜合的觀察概ネ左ノ如シ

一、傾斜ノ増加ニ伴ヒ逐次速度ヲ遞減ス

二、$\frac{1}{20}$ 以下ニ於テハ稍〻登行ヲ感ズル程度ニシテ行軍速度ハ平地ト大差ナシ

三、急峻ナル降リ傾斜ハ體力的ニハ容易ナルモ速度的ニハ登リト大差ナシ卽チ登リ $\frac{1}{2.6}$ ト降リ $\frac{1}{2.6}$ ニ於ケル時速ハ略〻同一ナリ

四、緩ナル降リ卽チ $\frac{1}{10}$ 以下ニ至レバ平地ト同等若クハ以上ノ速度ヲ出シ得

五、登リ $\frac{1}{10}$、降リ $\frac{1}{5}$ 以上ノ傾斜ニ於テハ平地速度ノ半バニ達セズ

六、本實驗ハ負擔量相當大ナリト雖モ行軍セル者ハ體力、氣力共ニ優秀ナルヲ以テ體力弱キ者ヲ含ム一般軍隊ニ於テ行軍速度ヲ定ムルニ方リテハ若干ノ豫備ノ時間ヲ加ヘテ行軍ヲ計畫スルノ要アリ

七、本行程ハ圖上距離約三六粁ニシテ平地ト同様ニ計畫セバ約一〇時間ノ行軍行程ナリ然ルニ實際ハ約二〇時間卽チ倍ノ時間ヲ要シ速度ニ於テ平地ノ $\frac{1}{2}$ ノ結果ヲ得タリ山地ニ於テハ圖ニ記載シ得ラレザル程度ノ道路ノ屈曲甚ダ多ク之ガ累加ハ行軍距離ヲ著シク増大スルモノナルニ著意スルヲ要ス

附表第十一其ノ一　山嶽地ニ於ケル糧秣装備ノ一例

區分	品種	一日分ノ定量（瓦）	携帯糧秣 五日分	携帯糧秣 七日分	行李糧秣 一日分	行李糧秣 二日分	輜重糧秣 七日分
人	精米	八七〇	一	一	一		三
	乾「パン」	六九〇	二	二			二
	壓搾口糧	六九〇	二	四	一		二
	乾燥肉	六〇	三	三	一		五
	携帯味噌	三〇	五	七	二		七
	携帯食鹽	一〇	五	七	二		七
	粉醤油	三〇			一		三
	榮養食	四五	五	角七	角二		七
	乾野菜	九〇			一		三

糧	梅肉「エキス」	二			一		三
	携帯燃料	一三〇	二	二	二		五
	甘味品	一三〇			一		四
	煙草	二〇本				五	三五
	小計		四、四七五	六、〇三五		二、三七二	八、四二一
馬糧	壓搾馬糧	五、三〇〇（四、三四〇）		七		二	
	馬鹽	三〇		七		二	
	「ボレー」末						
	小計	五、三三〇（四、三七〇）		三七、三一七（二九、八九〇）		一〇、六六〇（八、五四〇）	三七、三一〇（二九、八九〇）
備考	一、乾燥肉ノ一部ハ乾燥魚ヲ以テ代用スルコトヲ得 二、現地薪炭ノ取得状況ニ依リ携帯燃料ヲ減少ス 三、乾燥菜ハ一日九〇瓦トシ海草類（一日九〇瓦）ヲ以テ代用スルコトヲ得 四、馬糧ハ状況ニ依リ四、二四〇瓩迄減少スルコトヲ得						

立案上ノ著想

一、歩兵ヨリ輜重ニ至ル間ノ総携行（携帯）量ヲ一四日分トシ之ヲ以テ概ネ一四日間補給ヲ受クルコトナク山嶽地ヲ作戦行動スルモノトス

二、體力ノ消耗大ナルニ依リ先ヅ各兵ノ負擔量ヲ輕減スベク携帶糧秣ノ一部ヲ以テ日々消費シ(二日分ヲ殘ス)行李、輜重糧秣ニテ之ヲ補充スルコトヲ前提トス

三、行李糧秣ハ補充ノ便ヲ考慮シ二日案ヲ作製ス

四、輜重糧秣ハ部隊携行(携帶)糧秣ト勉メテ同一品種ヲ携行スル如クス

五、品種定量決定上ノ著眼概ネ左ノ如シ

1、主食、副食共現制品ヲ以テ豫想セラルル最モ苛酷ナル狀況下ニ於テ山嶽地戰ノ特質ニ應ジ作戰要求ニ合致セシムル如クセリ

2、主食ハ個人ヨリ輜重ニ至ル裝備ヲ勉メテ輕減セシムル如クシタルモ一日一囘ハ米飯ヲ喫シ得ル如クセリ

3、携帶罐詰ノ利用シ得ベキ內容量ハ其ノ重量ノ五二%ニ過ギザルヲ以テ多少嗜好ハ劣ルモ乾燥肉トセリ

4、携帶味噌ハ溫食給養ノ最モ得易キモノナルヲ以テ爲シ得レバ毎日給與シ得ル如クセリ

5、携帶食鹽ハ疲勞大ナルトキノ生理的要求鹽分ヨリ大ナルハナク現地野草等ノ利用等ヲ考慮シ定量ヲモ增加セリ

6、榮養食ハ體力ノ消耗極メテ大ナルヲ以テ毎日給與シ體力ヲ維持セシム

7、上層山嶽地ニ在リテハ炊事ノ爲所要燃料增大スルヲ以テ携帶燃料ハ定量ヲ增加セリ

附表第十一其ノ二　山嶽地ニ於ケル糧秣装備ノ一例

區分	品種	一日分ノ定量（瓦）	携帯糧秣 五日分	携帯糧秣 六日分	携帯糧秣 七日分	行李糧秣 一日分	行李糧秣 二日分	輜重糧秣 六日分	輜重糧秣 七日分
人	精米	八七〇	三	三	三	／	一	三	三
	乾「パン」	六九〇	一	一	二	一	／	一	二
	壓搾口糧	六九〇	一	二	二	／	一	二	二
	携帯罐詰	一五〇	一	一	一	／	／	一	一
	乾燥肉	六〇	三	四	四	一	一	三	四
	携帯味噌	三〇	三	四	四	一	一	三	四
	携帯食鹽	五	二	二	二	／	／	二	二
	粉醤油	三〇	三	三	三	／	一	三	三
	榮養食	四五	二	三	三	／	一	三	三

糧	「ビタミン」C補充食	一八	五	六	七	一	二	六	七
	野菜補充食	一〇	五	六	七	一	二	六	七
	梅肉「エキス」	二	五	六	七	一	二	六	七
	携帯燃料	八〇	四	四	五	二	二	四	五
	「ゴム」袋	一箇 三	一箇	一箇	一箇	/	/	/	/
	濾水筒	一箇 八七	一箇	一箇	一箇	/	/	/	/
	甘味品	一三〇	二	三	三	/	一	二	二
	煙草	三〇本	四〇	六〇	六〇	/	三〇	六〇	六〇
	固形火煙	六五				/	/	一	一
	小計		五、三〇九	六、三四九	七、三三九	九七〇	二、〇五五	六、三五七	七、二四七
馬糧	圧搾馬糧	二、六五〇	五	六	七	一	二	六	七
	馬塩	六〇	五	六	七	一	二	六	七
	「ポレー」末	五〇	二	三	三	/	一	三	三
	馬栄養食	一〇	二	三	三	/	一	三	三

小計	
備考	一、乾燥肉ノ一部ハ乾燥魚ヲ以テ代用スルコトヲ得 二、現地薪炭ノ取得状況ニ依リ携帯燃料ヲ減少ス 三、甘味品ハ氷砂糖又ハ飴類ヲ充當ス 四、野菜補充食ニ代ヘ乾野菜（一日三〇瓦）又ハ海草類（一日三〇瓦）ヲ代用スルコトヲ得 五、行李及輜重ノ輸送力如何ニ依リテハ馬糧モ又全定量ニ變更スルヲ可トス

立案上ノ著想

一、歩兵ヨリ輜重ニ至ル間ノ總携行（携帯）量ヲ一四日分トシ之ヲ以テ概ネ一四日間補給ヲ受クルコトナク山嶽地ヲ作戰行動スルモノトス

二、携帯糧秣

1、行李、輜重ノ携行區分ノ變化（編成共）ヲ考慮シ五、六、七日分ノ三種ヲ策案ス

2、歩兵ノ負擔量ヲ輕減スベク携帯糧秣ノ一部ヲ日々消費シ（三日迄）行李（輜重）糧秣ニテ之ヲ補充スルコトヲ前提トシテ品種數量ヲ決定ス

三、行李糧秣

1、行李ノ編成ヲ現制ノ如クスルヤ或ハ補充ノ便ヲ考慮シ倍加スベキヤ未定ナルヲ以テ一日案及二日案ヲ作製ス（補充ノ便ヲ考慮スル場合ニ於テハ二日案ヲ可トス）

2、勉メテ歩兵部隊ト輜重ノ携行區分トヲ同一ナラシムル如ク立案ス

附表第十一其ノ三　山嶽地ニ於ケル糧秣装備ノ一例

區分	品種	一日分ノ定量（瓦）	携帯糧秣 五日分	携帯糧秣 六日分	行李糧秣（一日分）	輜重糧秣 五日分	輜重糧秣 六日分
人	精米	八七〇	三	三		二	二
	乾「パン」	六九〇	一	一	一	一	一
	壓搾口糧	六九〇	一	二		二	三
	携帯口糧	一五〇	一	一		一	一
	乾燥肉	六〇	三	三	一	三	三
	携帯味噌	三〇	三	三	一	三	三
	携帯食鹽	一五	二	二		二	二
	粉醤油	三〇	三	三		三	三
	榮養食	四五	二	三		二	三
	「ビタミン」補充食	一八	五	六	一	五	六
	野菜補充食	一〇	五	六	一	五	六

糧	梅肉「エキス」	二	五	六	一	五	六
	携帶燃料	八〇	四	五		三	三
	「ゴム」袋	一箇 三	一箇				
	甘味品	一二〇	二	三	一	三	三
	煙草	二〇本	四〇本	六〇本		四〇本	六〇本
	固形火煙	六五				一	一
	小計		五、四二三	七、一五三	〇、九三〇	五、五三四	六、四一七
馬糧	壓搾馬糧	五、三〇〇	五	六	一	五	六
	馬鹽	六〇	五	六	一	五	六
	「カルシューム」	五〇	二	三		二	三
	小計		二六、九〇〇	三二、三一〇	五、三六〇	二六、九〇〇	三二、三一〇

備考

一、乾燥肉ノ一部ハ乾燥魚ヲ以テ代用スルコトヲ得
二、敵情及現地薪炭取得狀況ニ依リ携帶燃料ヲ減少ス
三、野菜補充食ハ乾野菜（一日三〇瓦）又ハ海草類（一日三〇瓦）ヲ以テ代用スルコトヲ得
四、輸送力ノ關係ニ依リテハ壓搾馬糧ハ半定量トスルコトアリ

附表第十二其ノ一　山嶽ニ於ケル個人被服装備ノ一例

品目	重量（瓦）	單位	數量	内譯 著装	内譯 携帯	携帯重量（瓦）
鐵帽	一、一〇〇	箇	一		一	一、一〇〇
防毒面	一、五〇五	〃	一		一	一、五〇五
略帽	二一六	〃	一	一		二一六
夏衣袴	一、五五〇	組	一	一		一、五五〇
夏襦袢、袴下	一、〇六〇	〃	二	一	一	二、一二〇
防寒襦袢	七〇〇	〃	一		一	七〇〇
靴下	七七	〃	三	一	二	二三一
手套	八四	〃	二	一	一	一六八
冬外套	一、八〇〇	箇	一		一	一、八〇〇

防雨外套	九二〇	〃	一		一	九二〇
携帯天幕	九二〇	式	一		一	九二〇
腹巻	五〇	箇	一		一	五〇
巻脚絆	三三	〃	一	一		三三
襟布	一三	〃	二	一	一	二六
水筒	四三二	〃	一	一		四三二
雑嚢	三三〇	〃	一	一		三三〇
編上靴	一、三五〇	組	一	一		一、三五〇
背嚢	一、〇〇〇	箇	一	一		一、〇〇〇
被服手入具	五〇〇	式	一		一	五〇〇
飯盒	四七四	箇	一		一	四七四
偽装網	二〇〇	〃	一		一	二〇〇
重量合計	一四、三八四	〃				一五、六九五

附表第十二其ノ二　山嶽地ニ於ケル個人被服装備ノ一例

品種	重量（瓦）	單位	數量	内譯 著装	内譯 携帶
鐵帽（九〇式）	一、一〇〇	箇	一		△
略帽	一一六	〃	一	○	
襟布	一三	〃	一	○	
防暑衣袴	衣 九〇〇 袴 六五〇	組	一	○	
冬襦袢、袴下	襦袢 四〇七 袴下 四四〇	〃	一		△
夏襦袢、袴下	襦袢 二四七 袴下 二八三	〃	一	○	△
雨外套	九一〇	箇	一		△
雑嚢	三二〇	〃	一		
水筒	四三三	〃	一	○	
昭五式水筒紐	一七〇	〃	一	○	

下士官以下用背嚢（九九式）	一、〇三八	〃	一	○	
飯盒（九二式）	四七四	箇	一	○	
手套	八四	組	一	○	
靴下	七七	〃	三	○一	△二
「ゴム」底編上靴	一、二九〇	〃	一	○	
（紐附地下足袋）	（六八〇）	〃	一		△
巻脚絆	二三二	〃	一	○	
携帯天幕（支柱控杭除ク）	八七一	式	一		△
總計	一〇、四〇五			六、一六〇瓦	四、三四五瓦
	（一一、〇五七）			（六、四七七瓦）	（四、五七五瓦）

備考

一、本表ハ夏季ニ於ケル一般歩兵部隊ノミヲ基準トセルモノニシテ地下足袋ハ工兵等特殊部隊ノミ之ヲ増加携行セシム
二、著装ハ○印、携帯ハ△印トス
三、著装及携帯ハ天候、氣象、地形、敵情等ニ依リ適宜變更スルモノトス水筒、飯盒ハ空ノ重量ヲ示ス
四、巻脚絆ハ登山ノ際ハ下半部ニ著装スルヲ可トス
五、高層地帯（標高二、五〇〇米以上）ニ稍〻長期ニ亙リ宿營スル場合ニ於テハ毛布其ノ他適宜防寒被服ヲ増加携行スルヲ要ス

附表第十二其ノ三　山嶽地ニ於ケル個人被服裝備ノ一例

品目		重量（瓦）	數量	内譯 著裝	内譯 携帶	重量 小計	重量 合計	摘要
被	鐵帽（九〇式）	一、一〇〇	一箇		○			
	略帽	一二六	〃	○				
	襟布	一三	〃	○				
	防暑衣袴	衣 九〇〇 袴 六五〇	一組	○				
	冬襦袢、袴下	襦袢 四〇七 袴下 四四〇	〃		○			
	夏襦袢、袴下	襦袢 二四七 袴下 二八三	〃	○				
	雨外套（九八式）	九二〇	一箇		○			
	雜嚢	三三〇	〃	○				

服

水筒(九九式)	四三三	〃	○		
昭五式水筒紐	一七〇	〃	○		
下士官以下用背嚢(九九式)	一、〇八三	〃		○	
飯盒(九二式)	四七四	〃		○	
手套	八四	一組	○		
靴下	七七	三〃	○	○二	
「ゴム」底編上靴	一、三九〇	一〃	○		
紐附地下足袋	(六八〇)	〃		(○)	
巻脚絆	三三	〃	○		
携帯天幕(支柱、綱ヲ除ク 整)	八七二	一式		○	
腹巻	三〇〇	一箇	○		綿「ネル」長一、八五幅七米
防毒面(甲)	一、七〇〇	〃		○	
除毒包	一三〇	〃	○		
繃帯包	八〇	〃	○		
認識標	一三	〃	○		
	12399瓦 (13079瓦)				
	26145瓦 (26825瓦)				

被服手入具	保革油罐（油共）	小計	歩兵銃（銃劍共）	彈藥盒（前盒二 後盒一）	携帶彈藥（一二〇發）	小計	携帶日糧秣（五日分）	備考
			兵器				糧秣	
八七	四五		六、〇七〇	四八三	一、七三二		二、四三三	
一組	一箇		一式	一組	一式		五日分	
		二、二七六						
○	○	七、一三三（七、八〇三）	○	○	○		○	
			8324				422	
			前盒 六〇瓦 後盒一箇 二六三瓦 一三瓦 挿彈子 七五瓦 紙箱 一九瓦					

備考

一、著裝及携帶ハ氣象、地形、敵情等ニ依リ適宜變更スルモノトス

水筒、飯盒ハ空ノ場合ノ重量ヲ示ス

二、卷脚絆ハ登山ノ際ハ下半部ニ著裝スルヲ可トス

三、高層山地（標高二、五〇〇以上）ニ稍ミ長期ニ亙リ宿營スル場合ニ於テハ毛布其ノ他適宜防寒服ヲ増加携行スルヲ要ス

信州駒ヶ嶽附近演習經過要圖

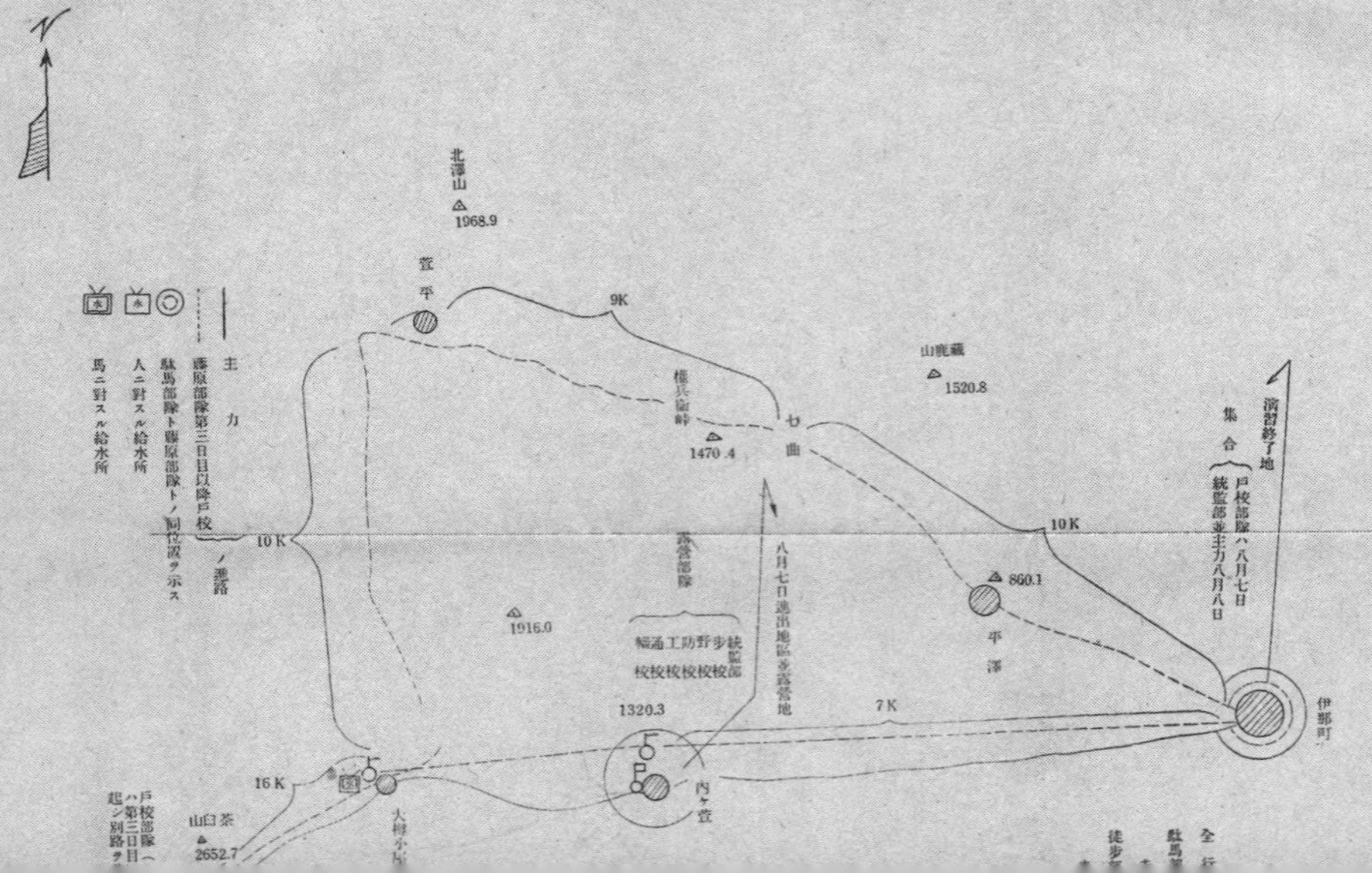

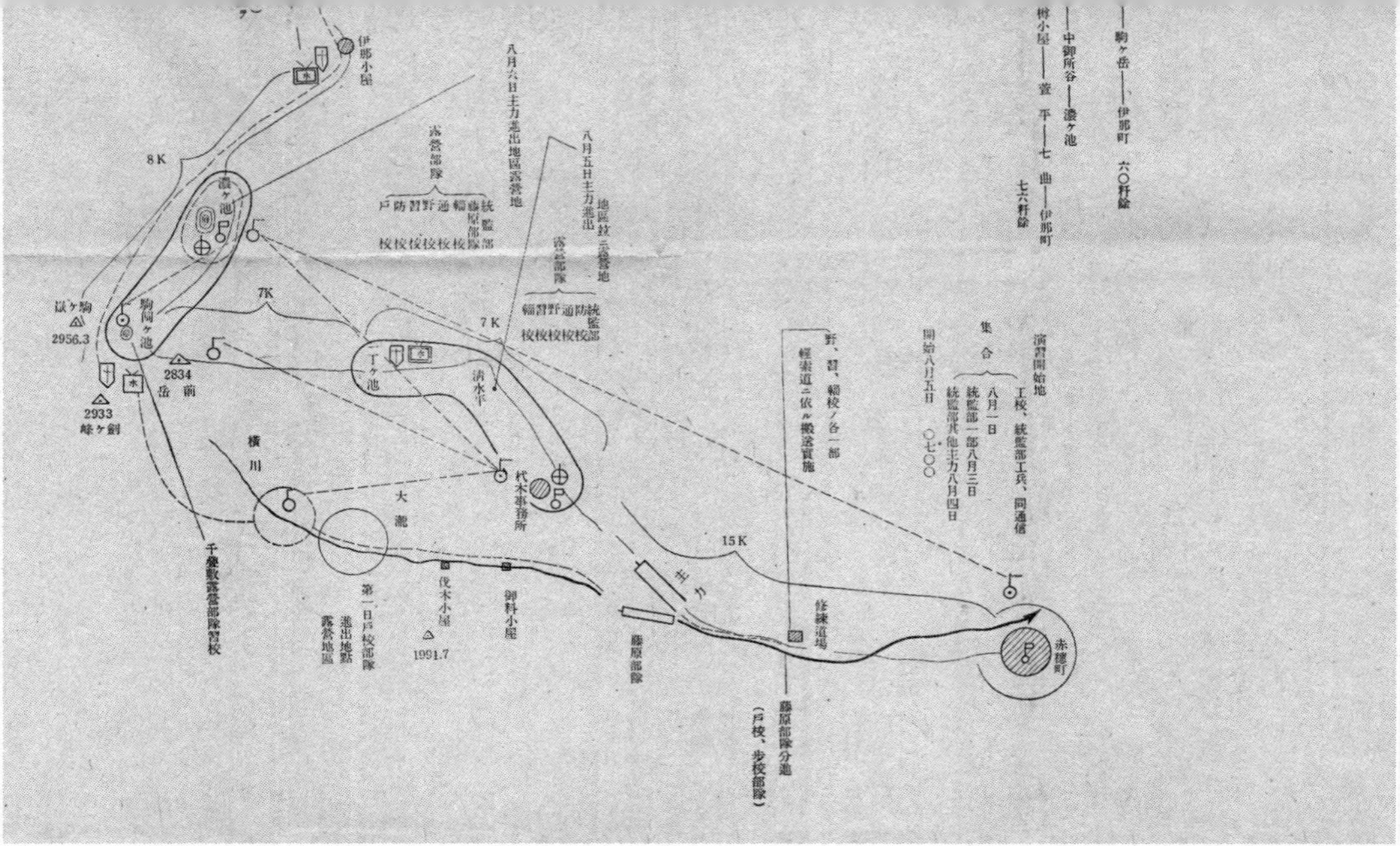

伊那小屋
8K
濃ヶ池
駒飼ヶ池
嶽ヶ駒
2956.3
2834
岳前
2933
峠ヶ剣
7K
丁ヶ池
清水平
7K
横川
大瀧
代木事務所
千疊敷露營部隊習校
第一日戸校部隊進出地點露營地區
伐木小屋
1991.7
御料小屋
15K
主力
藤原部隊
修練道場
赤穂町
藤原部隊分進（戸校、歩校部隊）
八月六日主力進出地區露營地
露營部隊
統監部
藤原部隊
輜校
通校
野校
習校
防校
戸校
八月五日主力進出地區拉ニ露營地
露營部隊
統監部
防校
通校
野校
習校
輜校
野、習、輜校ノ各一部
輕索道ニ依ル搬送實施
演習開始地
工校、統監部工兵、同通信
集合
八月一日
統監部一部八月三日
統監部其他主力八月四日
開始八月五日　〇七〇〇
駒ヶ岳——伊那町　六〇粁餘
中御所谷——濃ヶ池
樹小屋——萱平——七曲——伊那町
七六粁餘

山嶽地帯行動ノ参考　秘

現代語訳

山嶽地帯行動の参考

通則

第一　本書は高峻な山嶽地帯に行動する部隊を対象として、その訓練および行動のため特に必要な事項を示すものとする。

第二　高峻な山嶽地帯の地形、気象などは平地あるいは低山地帯とまったく趣を異にする。ゆえにその克服にあたってはその特異性を十分把握して編成、装備、通過の要領などをこれに適応させなければならない。思うに従来の平地、低山地帯などの通過の経験を基準とし、漫然と高峻な山嶽地帯に行動すると、必ず予期しない各種の障害に遭遇し、行動不能に陥り、あるいは危害を被るなど作戦行動に手違いを生じることが必然であるからである。

第一章　編成、装備

要則

第三　広大な山嶽地帯の通過にあたっては山嶽地帯作戦のために特設した兵団を用いることが適当である。しかし作戦の要求上一般兵団をその作戦に従事させる場合は、山嶽地帯の状況に応じ必要な編成、装備の改変を行い、さらに事前に訓練を実施することが非常に重要である。

第四　山嶽地帯においては通常車両は通行できず、駄馬の通過にもそのために必要な施設に多大な時間を要する。ゆえに人員により兵器、器材を担《かつ》ぎ、密林を切開き、あるいは断崖を登降し、渓流を歩いて渡るなどの場合が多い。このため指揮官以下徒歩を原則とし、車馬は必要最小限に止め、さらに人馬の携行食糧の増加を図ることが非常に重要である。

第五　山嶽地帯の行動にあたっては編成上人員の増加をともなうだけでなく、重量物の人力運搬用として特殊器材つまり背負子《しょいこ》のようなものの準備が必要となる。なお高山（標高二五〇〇メートル以上）は夏季であっても夜間、風雨に際しては寒冷をともなうものであるから、高度に応じる防寒の準備を必要とする。

第一節　偵察および進路開設にあたる部隊

第六　偵察にあたる部隊は、諸兵連合の部隊では必ず各兵種により編成し、歩兵のみの部隊では重火器部隊の人員を含めることを要する。なお偵察隊の編成には通信、気象、衛生機関などに属する人員を加え、敵情とともに各兵種の通過に必要な偵察および給水に遺憾のないようにしなければならない。

第七　密林、断崖など特に通過困難な地形の通過に際しては、進路開設のため一部隊を先に遣ることが非常に大切である。その編成、装備は部隊の大小、地形の難易などにより異なるが、歩兵一大隊のための一例を第一表に示す。

（第一表　原書四ページ　第一表参照）

第二節　歩兵部隊

第八　小銃、軽機関銃、擲弾筒分隊では負担量（担いで歩く重量）を過度に増やさなければ、概ね普通の編成でよい。兵の負担力（担いで歩くことができる重量）の限界は部隊の任務、兵の体力などにより異なるが、通常小銃手三五キロ、擲弾筒手三六キロ、軽機関銃手四二キロ（以上は弾薬定数、糧秣甲四日、乙一日、その他概ね軍装に準じる場合の負担量とする）を著しく超過させないこととする。ゆえにこの限度以上に弾薬、糧秣などを携行しようとする場合は、その重量に応じ編成上増員が必要となる。

第九　重火器においては駄馬の行動が全く不可能な場合においても人力のみにより行動できる編成、装備を必要とする。

一、重機関銃分隊

現編成で山道を行動する場合においては六名、路外においては八名を増加すれば、人力のみで銃、弾薬箱を搬送し、一般歩兵と概ね行動をともにすることができる。また装備については銃身、弾薬箱などを搬送するため背負子その他を必要とする。

本案は体力強健な下士官を前提とし、各人の負担量は四七ないし四九キロ（完全軍装で携帯糧秣甲四日、乙一日、弾薬〈一銃〉二〇連）であるので、一般部隊が本編成を採るには強兵を選別するか、あるいは特別に訓練を施すことが必要となる。それができなければ本編成よりさらに若干増員することが必要である。その編成、装備の一例を巻末の付表第一、第二に示す。

（付表第一、二　原書巻末参照）

二、大隊砲、速射砲分隊

まだ人が踏み込んだことがないような険しい断崖、密林、渓谷地帯を一昼夜半にわたり人力のみで踏破し、続いて駄載（馬の背に載せる）により主力と行動をともにすることができる編成、装備の一例を付表第三に示す。この案は局所に駄馬（荷を負う馬）が通過できない険しい難所を含む山地の行動に概ね支障はない。

（付表第三　原書巻末参照）

第十　機関銃とその弾薬箱用背負子の構造を第一、二図に示す。その他の重火器も大体これに準じる。

（第一、二図　原書八ページ参照）

第三節　山砲兵部隊

山砲は重火器と同様に駄馬の行動が不可能となった場合においても、人力のみにより行動できるよう編成、装備を必要とする。このためには個人の負担力を基準として定めることが必要である。

一、人力搬送に持久性をもたせるには各人の負担量をほぼ平均することが必要であり、その負担量は砲手の平均体重を約六〇キロとするときは大体五〇キロを適当とする。

二、負担量と搬送持久時間との関係は第二表のとおりである。
(第二表　原書一〇ページ　第二表参照)

砲手の体重を平均六〇キロとするとき、砲架(九二キロ)を一人で負担する場合は平常歩行の約四分の一以下の速度となり、持久時間は約五分を限度とする。ところがこれを車軸と側板部とに分解すると背負子と併せて各々約五〇キロとなり、歩行が容易となって他の兵とともに行進することができる。また弾薬箱(六発入り)は重量が六三キロで、一人で背負うときは持久時間は約一〇分で、歩行はやや困難となるが、体力の優れた者に背負わせるときは他の兵と大体行動をともにすることができる。

山砲一門の人力搬送のための編成、装備ならびに行軍部署(行軍順序)の一例を付表第四に示す。この表の要領で搬送するときは一分隊に砲手二八名を要し、結局一小隊でまず一門を搬送して戦闘し、その後進路の補修を終り馬を引上げるような状況においても必ずしも困難ではない。

(付表第四　原書巻末参照)

第十二　山砲の臂力搬送要具は左のとおりである。

一、背当、杖

背当は前、後脚、車輪、器具箱、弾薬箱など直接背負うのが便利な物のために、また杖は歩行の補助、小休止の時に負担物を支持して人馬の背部を休息させるために使用する。その構造を第三図に示す。

（第三図　原書一二ページ　第三図参照）

二、背負子

遥架框、砲尾、防楯、側板部および接続架、車輪、脚頭架などを背負うために使用する。その構造を第四図に示す。

（第四図　原書一三ページ　第四図参照）

第四節　機関砲部隊

第十三　機関砲の山嶽地帯における人力搬送のため、駄馬編制機関砲分隊の編成、装備の一例は左のとおりである。その細部を付表第五に示す。
（付表第五　原書巻末参照）

一、編成（分隊）

1、人

分隊長（軍曹、伍長）一

弾薬班長（兵長、上等兵）一
砲手（一般砲手九、駅兵〈馬を扱う兵〉九、作業手二三）四一
合計四三名

2、馬

砲兵輓馬（馬車などを引く馬）、駄馬（荷を負う馬）九

二、特別増加装備（分隊）

ゴム製地下足袋四三（各人）、小仲間（馬具の一種、麻綱、長一丈七尺三寸）三二、背負子五、背当一二、杖一七、曳索（引き綱）二、円匙《えんぴ》三、十字鍬三、鋸一、鉈《なた》一、鎌一、懐中電灯七、馬飲料用水筒三六（各馬四）、落鉄（蹄鉄が外れて落ちる）時用ゴム靴九

この案で山地を通過するときは行軍の長径が著しく大となり、小隊長の直接指揮を得るには二分隊を限度とする。

第五節　工兵部隊

第十四　縦隊全般のための道路構築は通常工兵隊に実施させ、縦隊内の各部隊が自隊のために行う補修作業は各隊において編成する作業隊によるものとする。この任

務に対する工兵隊が山嶽地帯において一般に遭遇すると予想される地形、地質を対象とし駄馬道を構築する場合、左の条件のもとに独立して行動できる工兵小隊の編成、装備の一例を付表第6に示す。

（付表第六　原書巻末参照）

一、作業の種類

1、一般の土砂地帯の処理

2、露岩、這松《はいまつ》地帯（岩石地）の処理

3、倒木がある森林地帯の処理

4、術工物特に栈道（かけはし）の構築ならびに湧水の処理

二、分隊の作業分担

1、一分隊　岩石地の処理

2、一分隊　森林の処理

3、二分隊　一般土砂地帯の処理ならびに術工物の構築

三、器具は小隊が自ら携行する。

四、資材は取得して利用する。

第十五　工兵部隊の編成、装備にあたり着意すべき事項は大体左のとおりである。

一、山嶽地帯通過においては装備器材が現制より増加する。木工、土工および石工器具が特にそうである。
二、爆薬は作業すべき地質および作業の緩急により異なるが一般に増加する。付表第六は現制を基準とし、かつ各人の携行量を考慮した最小限の量である。
三、機力器材を新たに装備する。
四、連結器材を携行する。
五、爆薬および連結器材は使用後中隊器材分隊より補充する。
第十六　山嶽地帯の行動にあたってはできる限り諸兵種（工兵および車両部隊を除く）に工兵に準じる器材を交付してあらかじめ訓練を行い、駄馬道の構築は諸兵種に実施させ、工兵はその兵種が通過した後専ら自動車道の構築を実施させるときは、兵団の機動力を増大させることができる。この種の作戦において重要なことは補給であり、このため自動車道を構築することが必要であるからである。

第六節　通信部隊

第十七　山嶽地帯における人力搬送のための通信部隊の編成、装備の一例を付表第七、第八に示す。

（付表第七、八　原書巻末参照）

第十八　二号機および三号機甲の人力搬送用背負子および橇の構造を第五、六図に示す。

（第五、六図　原書一九〜二一ページ参照）

第七節　軽迫撃砲部隊

第十九　山嶽地帯に行動する軽迫撃砲中隊を左のように改編すれば、駄載あるいは人力搬送により概ね歩兵砲隊と同様の行動をとることができる。

一、編成

1、改編の一例を第三表に示す。

（第三表　原書二二ページ　第三表参照）

2、弾薬

一分隊二四発（分隊馬四頭で一頭平均六発）

四分隊計九六発、中隊段列二九四発、中隊計三九〇発

弾薬馬は一頭平均六発駄載するものとし、九七式軽迫の分隊は床板（乙）を簀子《すのこ》（応用材料）で代用する。

第二属品箱は携行せず、携帯箱は第一属品馬に駄載する。
対化資材（防毒）などを携行しないときはさらに弾薬を増加する。

二、装備

九糎迫撃砲分隊山地特殊装備の一例を付表第9に示す。

（付表第九　原書巻末参照）

第二十　改編した迫撃中隊の行軍部署（配備）にあたっては、特に自衛力が少ないことに着意することが必要である。迫撃中隊自隊の行軍部署の一例を第七図に示す。

（第七図　原書二四ページ　第七図参照）

第二十一　九糎迫撃部隊人力搬送時の荷重を第四表に示す。

第四表

砲身　固有重量三五・五kg　搬送具重量三・七kg　重量計三九・二kg　搬送人員一

床板　固有重量四二・〇kg　搬送具重量三・九kg　重量計四五・九kg　搬送人員一

脚　固有重量二七・二kg　搬送具重量三・五kg　重量計三〇・七kg　搬送人員一

備考一、搬送具は背負子または搬送架

二、演習第一日降雨のため湿潤し、約五〇ないし六〇kgとなった。

第八節　輜重兵部隊

第二十二　山嶽地作戦における補給任務遂行のため駄馬輜重兵聯隊編成、装備改編の一例を左に示す。

一、通信班

無線機と電話機を各々若干および所要の人員で構成される通信班を増設する。

これは交通が不便な山嶽地において遠く広い地域に行動する各中隊を指揮し、戦機に投じる補給輸送を行うために必要であるからである。

行軍間における交信の一例を第八、九図に示す。

（第八、九図　原書二六ページ　第八、九図参照）

二、中隊に新たに増加編成すべき部隊

1、道路小隊（長以下二五名内外）

道路を啓開（進行を可能にする）し、あるいは補修する。

2、徒歩分隊（長以下一二名）

警戒および戦闘の基幹とする。

3、連絡班（長以下約二〇名、六号無線機一）

対空警戒および部隊間の連絡（主として視号〈手旗、光線など目に見える通信〉および六号）にあたる。

4、補助兵（駄馬二、三頭につき一名）

峻険な山嶽地帯の行進においては馭法（馬の扱い）の補助、馬装積載の修正、休止時の卸下《しやが》（おろす）および脱鞍、危害予防、人力搬送などにあたる。

三、装備

部隊装備では現装備のほか左記器材を増加する。

1、通信器材

聯隊通信班　三号無線三機、電話機六機、小被覆線三〇巻

各中隊　六号無線各二機

2、道路器材

各中隊の道路小隊

測量器材（携帯測斜儀、巻尺など）若干

土工具　円匙二〇、十字ぐわ一〇、つるはし一〇、じょれん五、からぐわ

石工具（歯の厚い金ぐわ）五
木工具　のみ各種五、石割つち各種五
木工具　のこ各種五、なた各人一、鎌各人一
爆破器材（導火索）一式
輸送隊
土工具　円匙または十字ぐわ各馬一
木工具　のこ各分隊、なた駄補の半数各一、鎌駄兵全員各一

3、人力搬送器材
背負子　分隊長以下各一
力綱　各分隊三

4、気象観測器材
気圧計　聯隊本部および各中隊各一
携帯磁針　各中隊一
携帯寒暖計　聯隊本部および各中隊各一
風向風速計　聯隊本部および各中隊各一
個人装備は左の器材を増加する。

杖　将校以下各一
小綱　将校以下各一
磁石　分隊長以上各一

第二十三　人力搬送用具として背負子、背当など数種があるが背負子が最もよい。その構造および積載法を第一〇、一一図に示す。
（第一〇、一一図　原書三一ページ　第一〇、一一図参照）

第二章　行軍実施に関する基礎的諸元

第一節　行軍速度

傾斜と行軍速度

第二十四　山地における行軍速度は平地に比べて傾斜の影響を受けることが最も大きい。その傾斜の緩急が行軍速度に及ぼす影響について実験の結果、求めた基礎的諸元は左のとおりである。

一、徒歩部隊
山地通過においてはいわゆる単独兵の通過を許す山径（五万分の一点線路を標準とする山中の小道）の通過と、全く道路のない地形の通過とはその行軍速度に大きな差異がある。

1、山径通過における速度

①小銃、軽機、擲弾筒分隊の信州八ヶ岳（標高二八九二メートル）において中央線茅野（標高約八〇〇メートル）より八ヶ岳を踏破して松原（標高約一一〇〇メートル）に至る図上距離約三六キロの山径（一部路外）行軍における行軍速度を付表第一〇に示す。

（付表第一〇　原書巻末参照）

②重機関銃分隊（背負子搬送）

銃、弾薬箱の背負子搬送のため正規の編成より六名を増員して人力搬送したところ、概ね小銃部隊と行動をともにすることができた。特に急峻な斜面の登降においては小銃に比べて若干多くの時間を要した。すなわち一分の一ないし一分の二の断崖通過において小銃は約三〇分を要したが、機関銃は一時間三〇分を要した。このことから重機関銃の人力搬送は正規の編成で断崖ではない斜面では小銃と概ね行動をともにすることができるが、断崖に近い急斜面のときは登降ともに小銃の二、三倍の時間を要する。また降りは概ね小銃と同速度であるが、急斜面においては若干遅いものと観察された。

③大隊砲、速射砲分隊

駒ケ岳中御《なかご》所澤《しょさわ》より剣ヶ峰に至る間の実験成績を第六表に示す。

第六表

大隊砲・速射砲分隊人力搬送の傾斜に応じる行軍速度表

傾斜一〇分の一	時速〇・六キロ
傾斜七・五分の一	時速〇・二五キロ
傾斜五・六分の一	時速〇・三五キロ
傾斜二・六分の一	時速〇・一五キロ
傾斜一分の一	時速〇・一キロ

備考一、大隊砲と速射砲とは同一行動をとり、速射砲の追及を待って前進したが、大体において両者の速度に大きな差異はない。

二、進路は密林の部が多く、既に啓開したものをさらに速射砲の人力搬送ができるよう、補備しつつ前進した。

④重機関銃分隊と大隊砲、速射砲分隊との速度の比較

伐木小屋より中御所澤を経て剣ヶ峰に至る図上距離六キロ、比高（高度差）一六七〇メートル間において同進路を同時に前進した重機関銃分隊と大隊砲、

速射砲分隊との所要時間の比較を第七表に示す。

第七表

重機関銃分隊　所要時間一三時間五五分（一泊露営、ただし露営時間を含まず）

大隊砲・速射砲分隊　所要時間二五時間（二泊露営、ただし露営時間を含まず）

以上の結果大隊砲および速射砲の人力搬送は一日以上にわたり、かつ険難な山地を通過するにあたっては、小銃とはもちろん重機関銃分隊とも行動をともにするのは特殊な訓練と編成とによらなければ極めて困難である。

2、路外通過における速度

路外の通過速度は一に進路の景況により差異がある。山径は通常各種の条件上通過が最も容易な場所を自然的に選定されているので、山嶽地帯における路外行軍は山径に比べてその通過は困難で、通過速度は著しく遅いのを通常とする。しかし敵に対する行動秘匿が必要な人跡未踏あるいは稀な進路を選定することを要するのはしばしばであることを予期しなければならない。演習における徒歩部隊の行軍速度を類似した地形と比較した結果を第8表に示す。

（第八表　原書三七ページ　第八表参照）

演習において通過した地形は人跡極めて稀で、住民の言によれば年に二、三回杣《そま》夫（きこり）が通過するに過ぎない。このような地形の通過は類似した地形の山径の通過に比べて著しく速度が遅いのは第八表に示されたとおりである。ゆえに未知の路外においては山径の数倍の時間を要することが少なくない。

二、駄馬部隊

山嶽地帯においては駄馬の路外行動は局部的に可能であるが、全般的には不可能と判断して作戦行動を計画することが必要である。山径を利用する場合においても道路の補修を要する部分が多いのを通常とする。山径は傾斜および曲半径（旋回半径）上あるいは渓谷の横過などがあり、人は通れるが駄馬は通れない部分が少なくないからである。

1、某部隊の実験による傾斜に応じる行軍速度を第9表に示す。

（第九表　原書三九ページ　第九表参照）

図上距離の平地なみ計算と実際との差異

今次行軍における図上距離は約二七キロで、この所要時間（宿営時間を除く）は約四〇時間を要した。これを平地なみに計算すると七、八時間行程であるが、実際はその数倍を要した。

2、某部隊の実験の結果案出した行軍速度および所要時間の算出公式を左に示す。

①登り斜坂

水平距離　四キロ毎に一時間

比高　二〇〇メートル毎に一時間、ただし人力搬送によるときは三〇〇メートル毎に一時間

休憩のため右時間の和の二〇パーセント

右の総計をもって全所要時間とする。

②降り斜坂

水平距離　四キロ毎に一時間

比高　三〇〇メートル毎に一時間、ただし人力搬送によるときは二〇〇メートル毎に一時間

休憩のため右時間の和の二〇パーセント

（注）水平距離を求めるには五万分の一地図上においてキルビメーター（曲線計）で測定した路上距離の八〇パーセント増とする。これを実験の結果と対照すると所要時間算出公式は山径においては概ね適用することができる。

標高と行軍速度

第二十五　標高が行軍速度に及ぼす影響は標高の増大にともなう気圧、地貌（地表面の様子）および地物の変化により異なる。

標高が増大するにしたがい気圧が低下し、酸素が稀薄となり、そのために人馬ともに呼吸の困難を来し、しばしば休憩を必要とし、したがって行軍速度が低下することは勿論である。酸素の稀薄を感じるのは概ね標高三〇〇〇メートル以上である。

第二十六　地貌、地物について留意すべきことは概ね二五〇〇メートル付近において森林帯より這松帯に移り、次いで岩石帯となることである（本邦中部の場合で、緯度が異なるにしたがって趣を異にする）。這松上は局部的に徒歩の通過を許す程度で、行軍のためには這松を除くかあるいはそれが存在しない部分を選ばなければならない。馬匹の通過において特にそうである。

第二十七　岩石帯の行軍速度に及ぼす影響は岩石の状態如何によるもので、補修作業が完備すれば行軍速度そのものには大きな影響を来さない。岩石帯に至れば季節、標高の関係に応じ雪渓をともなうことが通常である。雪渓はこれに通過施設を加えなければ人の通過は危険で、馬は雪渓下の岩石状態が良好で、通過施設が完全でなければ通過は不可能である。ゆえに岩石、雪渓などの行軍速度に及ぼす影響は道路の開設ならびに補修程度により、一に作業力に関係する。

第二十八　雪渓ならびに標高が行軍速度に及ぼした一例を富士山行軍について例証した第一〇表を左に示す。

第一〇表

四合目　標高二四五〇メートル

五合目　標高二六〇〇メートル　傾斜二・三分の一　時速一・〇キロ　三〇分毎に五ないし八分休憩

六合目　標高二七八〇メートル　傾斜二・三分の一　時速一・〇キロ　三〇分毎に五ないし八分休憩

七合目　標高二八六〇メートル　傾斜二分の一　時速〇・三キロ　雪渓のため速度低下

八合目　標高三二五〇メートル　傾斜一分の一・五　時速〇・五キロ　一五分毎に五分休憩、傾斜と酸素稀薄のため速度低下

九合目　標高三三九〇メートル　傾斜二・四分の一　時速〇・三キロ　酸素稀薄のため速度低下

備考一、部隊は徒手負担量約一二キロ、人員約五〇〇名

二、標高三〇〇〇メートル以上に至ると気圧の影響により著しく速度を減じる。このとき体力保持に注意を要する。時として酸素補給の必要がある。

休憩時間と行軍時間

第二十九　山地行軍における休憩は人馬ともに平地に比べて短時間のものをしばしば実施することを要する。その時間、回数は行程、行軍時間、傾斜の緩急、標高の高低（ただし三〇〇〇メートル以下においては標高による影響はほとんどない）、負担量の大小などに応じ異なり、一般に平地に比べて実施要領は複雑となることを免れない。もし休憩回数をおろそかにするときは甚だしく体力を浪費し、遂に行軍不能に至る。要は人馬の呼吸状態に着意し、呼吸が甚だしく逼迫する前に休憩することを有利とし、その他は主として疲労の度に応じればよい。

第三十　実験にもとづく行軍時間と休憩時間との関係を左に示す。

一、徒歩部隊

1、第九表のとおり

2、二〇分毎に一〇分休憩

二、駄馬部隊

1、某部隊

駄載　一〇分毎に五分、実働三〇分に及べば駄載物を卸下して一五分休憩

人力　五分毎に五分休憩

2、某部隊

駄載　標高二〇〇〇メートル以下で傾斜概ね四分の一においては五分毎に三分あるいは三分毎に三分

標高二〇〇〇メートル以上三〇〇〇メートルで傾斜概ね二分の一にあっては標高の上昇にともない三分毎に三分、二分毎に二分、二分毎に三分

人力　傾斜三分の一以上においては概ね二〇ないし三〇歩前進し二ないし三分

第二節　行軍長径

第三十一　山径または野外の行軍にあたっては通常一列縦隊による。山地における一列縦隊は平地に比べて各種の関係上各兵、各馬の距離が延びやすいのみならず、

行軍実施の監督が困難で、行軍の長径が著しく増大するのを通常とする。ゆえに極力長径の短縮を図るよう訓練することが非常に大切である。

人馬の距離に関し各部隊が実験した所見は次のようであるが、幹部の注意および訓練によりさらに短縮することができる。

一、某部隊

平地の一列縦隊に比べて約三倍に増加し、時として約一〇倍となる。平地における一分隊の一列縦隊の長径は約六〇メートルであるのに反し、山地においては約一八〇メートルとなるのを通常とし、人力担送を実施した場合には駄馬と担送兵との距離は五〇〇メートル開いたことがある。

二、某部隊

前馬との距離は少なくとも一〇歩とする(平地は五歩)。

第三十二　隊間距離に関する各部隊の所見は左のとおりである。

一、某部隊(徒歩)

急坂、密林など急に障害に遭遇したときであっても行軍を渋滞させないようにするため、各小隊(分隊)間に若干の距離を必要とする。

各小隊間三〇メートル、各分隊間一〇メートル

二、某部隊
各人の距離は約二メートルとするが、難所は一人ずつ通過させることを要する。

三、某部隊
山地における駄馬行進の撞着（つきあたる）は予想外に甚だしいものがあり、地形、地質などにより行進の難易を生じる箇所が交互に存在する。駄載物の人力担送を実施する場合において特にそうである。このため左のように隊間距離を設ける必要を生じた。
分（小）隊の後に　約二〇メートル
中隊の後に　約三〇メートル

四、某部隊
1、諸兵連合
歩兵部隊が先頭にあるときは各部隊最小限五〇〇メートル（約五分間隔）の隊間距離を必要とする。

駄馬部隊のみのときは各部隊最小限三〇〇メートル（約三分間隔）の隊間距離を必要とする。
2、梯団区分の前進

山嶽地帯の特性上通過路の不良により行進が整斉でないのを通常とするので、縦隊を梯団に区分し、敵情が許せば梯団間を概ね二〇〇〇メートルとし、梯団はさらに梯隊に区分し、各梯隊間は地形、訓練の度に応じ距離の基準および各部隊が伸ばすことのできる長径の基準を示すことを可とする。訓練不十分な前方部隊のためには大きな距離を要するものとする。

五、各部隊

1、一群の人馬数は勉めて減少（傾斜の度に応じ背負子数名、駄馬数頭）し、群間毎に距離間隔をとることを可とするが、地形によっては時間を隔てる方を可とすることがある。

2、状況により人馬の能力を考慮し、順位あるいは逆順位に行進させる。

第三十三　山嶽地においては各人、各馬の距離の増加に加えて分、小隊間の距離を要し、さらに中隊以上において隊間距離を平地よりも多くとることを要し、しかも部隊は一列縦隊を通常とするので、行軍長径は著しく増大する。

歩兵中隊、駄馬部隊について各部隊の所見を基礎として中隊の行軍長径を概算すれば左のようになる。

一、歩兵中隊

1、各人の距離を約二メートルとする。
2、分隊間に一〇メートル、小隊間に三〇メートルの距離をとる。
3、四列縦隊を一列縦隊とするため、長径は約四倍即ち三〇〇メートル、計四五〇メートル、さらに各人の距離が若干延伸すれば中隊の長径は約五〇〇メートル（平地行軍の約七倍）となる。

二、駄馬部隊（中隊）
前馬との距離を一〇歩とすればこれだけで長径は倍加する。分（小）隊間の距離を二〇メートルとすれば平地行軍の概ね三倍となり、さらに地形が悪い場合は距離が延伸するので三倍以上となる。

第三十四　山嶽地において行軍長径が延伸する影響は甚大であり、特に機動力が鈍重となる結果戦機を逸し、連絡の中絶を来し、給養に支障がでるなど大きな不利を生じることになる。大部隊において特にそうである。ゆえに訓練により行軍長径、隊間距離を最小限度に止めるとともに、道路補修部隊を先遣して行軍を容易にすることが極めて大切である。

第三章　行軍実施

要則

第三十五　高峻な山嶽地帯の通過は平地または低山地帯に比べて行軍実施の要領において大いに趣を異にする。本章においては主としてその特異の事項について記述する。

第一節　進路の偵察および選定

第三十六　進路偵察の適否は通過部隊の行動に影響することが平地に比べて極めて大きい。偵察は地形、気象、その他各種の障害を受け実施困難であるが、状況が許せばまず進路概定の偵察を行い、次いで作業実施のための偵察を行うことを可とする。

第三十七　進路の偵察にあたり考慮すべき事項は概ね左のとおりである。

一、進路概定のための偵察は空中偵察特に空中写真を利用することが有利である。

二、進路概定のためにはまず住民により資料を収集する。

三、進路概定のため状況が許すときは選抜した将校斥候に住民を同行させ、なるべく遠く派遣することとし、これができない場合でも半日ないし一日行程前方に将校斥候を派遣する。

四、偵察にはすべて十分な時間の余裕を与える。

五、偵察班は各々自隊の通過作業に関する偵察を行わせるため、諸兵連合の縦隊においては各兵種とさらに通信、気象、衛生機関などをもって編成する。歩兵のみの場合においても重火器部隊の偵察者を含ませる。

六、季節、気象の影響特に高山上における一日の気象の変化を調査する。

七、進路はできる限り企図の秘匿特に対空遮蔽に適するものを選定することは勿論であるが、偵察者自身も企図の秘匿に留意して行動する。

八、諸隊は人馬通過の能否、作業量などに関し的確な報告を行わせるため、山嶽地帯作戦開始に先だち山地偵察要員の選抜訓練を行う。未経験者が単なる推定で駄馬通過可能と報告したため、行軍実施にあたり駄馬を通すことができなかった戦例がある。

九、視察、判断に止まることなく、必ず実地の踏査を行う。

一〇、水源地、休憩地、人馬の糧秣、燃料用植物の選定、調査を行う。

一一、進路選定にあたっては勉めて在来の山径を利用する方がよい。

第三十八　進路は通常道路によることを有利とする。多少迂回路となっても道路としての要件を具備するものを選定することが必要である。

第三十九　道路がない場合は当初谷をたどることを有利とする。

進路選定上谷の特性は左のとおりである。
一、進路の判定が比較的容易である。
二、谷は距離が近く通常直線状を呈するので捷路（近道）である。しかし断崖、岩石、流水などにより前進を阻害されることが少なくない。
三、樹木による障害が少ない。
四、標高二五〇〇メートル以上においては温暖な季節においても雪渓の利用が可能で、比較的急峻な斜面を通過することができる。
第四十　谷の利用が不可能となった場合には尾根に転進し、尾根伝いに山頂に至る。尾根は概して展望が良好であるが、高峻な山嶽においては路幅が狭く、険峻な起伏が多く、両側が断崖をなし、危険をともなうので行軍速度が低下することに注意する。
第四十一　這松地帯は通常岩石地帯で、這松が密生するのみならず岩石の相互に間隙が多く、人馬の通過が困難であるので、できればこれを避ける方がよい。

第二節　集合、出発時刻

第四十二　高峻な山地においては部隊集合のため路外に空地を求めるのはほとんど不

可能であるから、通常進路もしくはこれに沿い行軍序列に応じ各部隊毎に集合するのも止むを得ない。この際多少でも道路の側方に集合地を求め得るときはなるべくこれを利用し、また道路以外に余地がない場合においても、万難を排し伝令などが路側を通行できるよう、道路の解放に留意することが非常に重要である。

第四十三　出発時刻は勉めて早く、到着時刻は午後なるべく早くする。山嶽地特に高山における気象は午後に変化することが多いからである。また高山においては夜間は昼間に比べて著しく寒冷を覚え、かつ露営のため採暖用燃料を得ることが困難で、掩蔽する地物に乏しいなど宿営に困難であるから、時に日没後出発し、天明前に到着することを有利とすることがある。

第三節　行軍間の指揮連絡

第四十四　山嶽地の行軍においては著しく地形の制限を受けるので指揮官、伝令などの随時移動なかんずく前方への進出、ならびに縦隊の指揮掌握は平地に比べ極めて困難であることを通常とする。ゆえに地形の難易、部隊の状況などに応じ指揮官の位置を定め、連絡の処置を適切にすることが必要である。

第四十五　指揮官特に小隊長以下においては部隊が難所を通過するときは自ら同地に

位置し、あるいは代理者を残置するなど指揮を的確にすることが必要である。また降坂路においては小、分隊長は部隊の後尾に位置する方がよいことがある。

第四十六　伝令による連絡は部隊を追越すことは困難であるから、至近距離でなければ効果は少ない。また逓伝による連絡は概ね不確実で、特に平地に比べ地形の関係上喧噪にわたることが通常である。ゆえに視号通信、六号および五号無線機などを活用することが必要である。

第四節　休憩、食事

第四十七　山嶽地は適当な休憩地を得ることが難しく、特に危険な場所が少なくなく、また人馬の体力の関係上至短時間の休憩をしばしば実施するなど、平地とその要領を異にする。休憩にあたり着意すべき事項は概ね左のとおりである。

一、縦隊のまま休憩する。これは行軍長径を短縮し部隊を集結するときは休憩時間の大半を消費するからである。

二、休憩地の選定にあたっては崩壊しやすい地点、急斜面、断崖などは勉めてこれを避け、比較的緩斜面で路幅の広い場所を選ぶ。また自隊のためだけでなく後続部隊についても考慮する。

三、背負子を負っている場合は高さ腰程度の階段あるいは岩石のある場所を選び、これに背負子を托し、肩紐を緩め、あるいは杖で支え、または背から降ろして休憩する。

背負子を背負ったまま立姿で息継ぎのため小休止する場合は、下方あるいは側方に向き、両足は同水平面上に置くことを要する。

四、駄馬の休憩にあたっては馬首を谷側に向け、転落の防止に勉める。急峻な坂路においては全部隊同時に休止することなく、前方駄馬群と連絡し、逐次その休止位置に至り休憩することを可とすることがある。

鞍傷予防ならびに疲労軽減のため、概ね3時間以内に一回卸下して脱鞍する。

五、休憩にあたっては装具、器材などの整頓を確実にし、断崖、斜面などから転落させないようにする。夜間の休憩において特に注意を要する。

第四十八　山嶽地通過においては道路補修のためしばしば停止することがあるので、この時間を漫然と停止することなく休憩に利用する。

第四十九　山嶽地の行軍は平地に比べて労力が大きいので、空腹をともなう。空腹感は行軍力を減殺するので、この防止のため糧食を増加し、あるいは間食を支給する。それができない場合は一回の食事を二、三回に分食することを有利とする。

ただし宿営時における夕食はその必要はない。

第五節　危害予防

第五十　山嶽地の特性上危害予防のため特に考慮すべきことは人馬の転落、気象の激変である。馬の転落の主な原因は積載品の撃突、遽止《きよし》（急に止まる）あるいは隅角（すみ）通過における後肢の踏外しなどであるから、この防止のためにはこれらの原因を考慮し、適切な道路の構築ならびに適正な駁法その他防滑手段を講じることが非常に大切である。

気候の激変にあたっては沈着に行動し、特に部隊の指揮掌握を確実にすることを要する。

第五十一　道路構築にあたり考慮すべき事項は概ね左のとおりである。

一、路幅は各隊の意見を綜合すると駄馬通過のため最小限四〇センチとする。ただし鞍側の障害は除去する。

二、傾斜は勉めて緩い方がよいが至短距離では約三分の一でも可能である。

三、曲半径は馬匹の回転のため最小限度二・五メートルを必要とする。

四、構築した道路であっても部隊の通過によって破損するので、この補修を励行し維持に勉める。

第五十二　行軍間における馭法にあたり特に注意すべき事項は左のとおりである。

一、馬に自由を与えて地形を十分に観察させ誘導する。このため手綱《たづな》をやや長く保持し、馬の運動を妨害しないように注意する。夜間においてとくにそうである。

二、馬の運歩、姿勢、四肢の着地に注意しつつ誘導する。

三、音声、舌鼓などの適切な副扶助による誘導を要することがある。

四、短切で急激な扶助を禁じ、気長に誘導する。危険地域、屈曲路通過において特にそうである。

五、急峻路においては補助綱を用い、または後方馭法を有利とすることが少なくない。

六、屈曲路においては馬の側方屈撓運動を自然にし、踏外し防止に留意する。

七、狭小路において駄載品を地物に撃突させないように注意する。側方に突出した駄載品などにおいて特にそうである。

第五十三　岩石地帯通過にあたり馬の防滑のためには防滑蹄鉄、草鞋《わらじ》などを装着させる。

第五十四　山地通過にあたってはあらかじめ全般の気象を明らかにするとともに、特に行動する地域の気象の特性を調査研究し、その対策を講じて置くこと。

第四章　特殊地域の通過法

第五十五　断崖（急斜面を含む）、渓谷、雪渓、岩石地、這松地帯、その他特に通過が困難な局地の通過にあたっては、特殊の技術および施設を必要とする。

第五十六　断崖（急斜面を含む）を通過しようとするときは、まずあらかじめ訓練した断崖攀登兵《はんと》に攀登（降下）させ、断崖上より綱、縄梯子などを吊下させ、部隊主力はこれにより攀登（降下）するものとする。馬匹の通過は通常不可能であるから、別路を迂回させることが必要である。

断崖通過は特殊地形通過法中最も困難で危険をともない、特殊の技術を要する。その細部は付録その1による。

第五十七　露岩、這松地帯はいわゆる高山の特色で、内地においては標高二五〇〇メートル以上の地帯に存在し、気象の影響が甚大で這松、石楠花《しゃくなげ》などの高山植物が群生している。

露岩は所々に風化した岩石、土砂を交え、岩石には間隙部が少なくない。特に馬匹の歩行が困難で、駄馬道を建設し得る場合のほか通過は概ね不可能である。また這松内の長期の行動は人馬ともに至難で、特に馬匹は不可能であることを通常とする。

第五十八　露岩、這松地帯の通過にあたり、特に留意すべき事項は左のとおりである。

一、露岩のみの部分を通過するときは通常人員に対しては特別な施設を要しないが、馬匹のためには岩石の間隙が少ない部分、風化岩石が多い部分に進路を選定することを要する。止むを得ないときは土嚢、叺《かます》、莚《むしろ》などにより岩石の間隙を填実し、あるいは岩面を被うことにより岩石の間隙への没入または躓《つまず》きなどを防止しなければならない。

二、這松地帯における進路は這松群生地域の接際部あるいは土砂が多い地域に選定し、這松内はこれを避ける。這松の除去にあたっては樹高五〇センチ程度のものであっても樹幹は地面に沿い五ないし七メートルに及ぶことを考慮して作業する。

三、露岩、這松地帯は遮蔽物がなく、上空に暴露しているので企図の秘匿を要する場合には急速に頂上を突破するか、あるいは夜間または天候が空中偵察困難な時期に行動するなどの着意が必要である。

第五十九　雪渓は高山の特色で、中緯度の地方においては標高概ね三〇〇〇メートルで初夏の候でも存在し、四〇〇〇メートル以上では常時存在する。

雪渓の状態は季節、気温、標高などにより雪状あるいは氷状を呈し、何れも歩行困難でスキー、輪樏（わかんじき）あるいは金輪樏（かなかんじき）を装備することが必要である。

雪渓通過にあたってはまず若干名の作業班を先行させ、進路を開設する。進路は登降においては電光形を、横断においては水平を可とする。作業は十字鍬、円匙などをもって足場を掘開し、部隊の歩行を容易にすることを主とし、断崖その他転落の危険が多い地域においては転落防止の手摺綱などを設備する。

進路凍結時の作業は困難で、特殊の技術を要する。即ちその動作は断崖攀登において組みで行う攀登手の動作と同様に綱をもって互いに身体を連絡し、相互の滑落を防止しつつ一歩々々足場を掘開して進路を構成する。

部隊は作業班が開設した進路に所要の補備を行いつつ前進するものとする。

第六十　樹根が多い坂路においては馬匹のためできる限り樹根を伐採し、躓きを防ぐことを要する。軟土で滑走しやすい地形において特にそうである。

第六十一　密林、急斜面、断崖の側面を通過するときは鞍側の障害除去に留意することが大切である。

第五章　宿営および給養

第六十二　山嶽地帯における宿営および給養上の特性は左のとおりである。

一、人口稀薄で人家が点在する地域または全く住民がいない地域を通過することが必要であるので、宿営力は極めて乏しく、また物資は貧弱で交通不便のため給養は追送もしくは携帯糧秣によらなければならない。

二、道路は一般に駄馬の通過すら不能な場合が多く、ゆえに部隊の行軍長径は著しく増大し、後方機関の追及、補給ともに困難であるので、作戦初期より補給機関を各縦隊または地区毎に分属することを要する。

三、気象は特に昼夜の気温の変化が激しいので、これに応じる防寒および防湿の処置をなすことが必要である。

第六十三　宿営にあたっては既存施設の利用はほとんど不可能であるので、常に露営を覚悟し、その準備を周到にしておくことが必要である。

第六十四　露営地の選定にあたっては、露営地は天候に対する人馬の保護に適し、特に高山においては給水および採暖に便利で、かつ天空地上に遮蔽し得る地区を適当とし、高山地帯に露営を予期する場合においては採暖および被服乾燥用薪炭を若干携行することを要する。

作戦上の要求に支障がない限り高山地帯に露営地を選定することなく、できれば標高二五〇〇メートル以下に選定することを可とする。

某部隊が富士山頂三七〇〇メートルに宿営した際、六〇パーセントの高山病患者を発生したことがある。

第六十五　露営にあたり企図を秘匿するのは通常困難であるので、あらゆる手段を講じることが必要である。

森林地帯では対空遮蔽は容易だが、炊煙により企図を察知されることが多いので、炊事は夜間に行うことが必要である。

第六十六　作戦計画または行軍計画にともなう給養計画にあたり、特に考慮すべき事項は左のとおりである。

一、行動する山嶽地の特性把握

二、行動時の気象判断

三、部隊の行動概要

四、装備（糧秣、被服、需品）の決定ならびに整備

五、作戦前後における給養の状況

六、作戦（行軍）間における給養、補給の円滑ならびに宿営設備の完備

第六十七　山嶽地作戦に適する糧秣決定上の着眼点は概ね左のとおりである。

一、容積、重量が小さく栄養価に富み、かつ炊事実施に便利なものを可とする。乾パン、砂糖餅などを携行することができれば便利である。
二、食欲増進に適する品種（塩、乾魚類など）を用いることを可とする。
三、防渇品（のどの渇きを抑える食品）の飴玉、キャラメル、ドロップスなどの加給品を併用できれば有利である。

第六十八　山嶽地行動における給養の適否は特に体力に影響するところが甚大である。ゆえに左記の事項に注意を要する。
一、作戦間の給養は必ずしも良好ではないので、その前後の給養は特に良好とする。
二、出発前の喫食を適切にするとともに、行動間に数次の喫食を行う。
三、空腹を感じる反面、過労および標高（二五〇〇メートル以上に長時間あるとき）の影響により食欲に減退を来すことが少なくないので、副食物には食欲増進に適するものを選定することがよい。
四、高山地帯に行動する場合いわゆる高山病患者の発生を考慮し、給養定額の一〇〇分の一以内の重患者食を準備する。
五、屠獣を携行する場合においては山地行動に適する羊または山羊がよい。
六、高山における炊事（標高概ね三〇〇〇メートル以上で沸騰点摂氏八五度程度）

は気圧の関係上半煮えとなるので、この防止策を講じることが必要である。このため加圧炊飯法によるか、あるいは乾パンを使用することが便利である（糧秣本廠研究高層山嶽地における炊事要領参照）。

加圧炊飯法とはゴムをパッキングとして飯盒の蓋に装着し、さらに針金で蓋を縛着して気密保持を良好にすれば、概ね平地と同様に炊事することができる。

七、飢餓を覚えた場合は一時腹帯を締めるとよい。

八、馬に対しては行軍中絶えず生草を給与するとともに、草のない地域に向う前に勉めて多くの生草を採取して携行する。

第六十九　給水にあたり着意すべき事項は概ね左のとおりである。

一、出発前水筒に湯茶（できれば薄い砂糖湯）を充実するとともに、馬に対しては水飼（水をやる）を十分に行う。

二、行軍間は勉めて飲水しない方がよい。このため人員は適宜防渇品を、馬匹には青草を給与する。

三、人馬に対する給水量は築営教範による。

第七十　山嶽地作戦に適する糧秣装備の一例を付表第一一その一ないしその三に示す。

（付表第一一其の一、其の二、其の三　原書巻末参照）

本装備の他に行動発起の当初二、三日間に要する糧秣は前送して置き、また山嶽地帯に入った後、いわゆる「食い延ばし」の方法を採り、さらに空中補給を行うことができれば行程を増大することができるが、糧秣装備において最も困難であるのは馬糧であるから、経路の選定を適切にし、作戦上支障のない限り自然の野草の存在する地域を行動することを可とする。

第七十一　夏季高山に行動するための個人被服装備の一例を付表第一二その一ないしその三に示す。

（付表第一二其の一、其の二、其の三　原書巻末参照）

第七十二　需品装備（給養器具共）は左のように増加携行させることを要する。

一、個人、馬装備

濾水筒およびゴム袋各1

生草給与のため必要な鎌（三馬に一の比）

二、部隊装備

搬水具（中隊単位二）

薪炭採取用器具（鋸、小斧など）

天幕

三、防湿準備

宿営のため下敷として必要なものの他乾パン、マッチ、煙草など、発汗または降雨による防湿のため油紙、セロファン紙、ゴム袋などをあらかじめ準備携行する。

第七十三　輸送および補給は人馬の負担量、携行法、携帯糧秣の消費要領ならびにその補給法などと密接な関係を有する。

一、人馬の負担量

人による糧秣輸送のためには背負子による担送を可とする。その負担量は地形により異なるが、概ね一人四〇キロ以下（着装および携行品を含む）を適当とする。馬の負担量も人と同様体力および地形により異なるが、一馬概ね八〇キロ内外（駄馬具を除く）を適当とする。

二、携行法

輜重および行李の人馬、装備用糧秣その他の携行にあたっては、必要の最小限を人馬に携行させ、その他は取りまとめて駄載携行することにより、輸送機関、人馬の行軍能力を増加する。

三、携帯糧秣の消費要領および補給法

第一線部隊は携帯糧秣概ね五日分を装備し、この使用にあたってはまず二日分（七日分携帯しているときは五日分）を消費し、爾後二日分を行李《こうり》（食料などを運ぶ部隊）糧秣をもって補充し、行李は輜重糧秣をもって補給する。行李より第一線に対する補給ならびに輜重より行李に対する補給は間歇的に補給する（二、三日に一回となることが多い）。なおその他飛行機による着陸もしくは投下補給、軌送による高地より低地への補給、索道を利用する渓谷地の補給、前送行李および輜重を利用し、若干行程毎に事前集積などを実施することを有利とすることがある。

第六章　衛生

第一節　人

第七十四　高山の衛生学的特性として挙げるべきものは概ね左のとおりである。

一、気圧、気温の低下

標高の上昇とともに気圧は低下し、そのため運動に必要な酸素の摂取に困難を来し、運動能力が減退する。しかし低気圧に慣熟するにしたがい運動能力は体内における赤血球数の増加、血色素量の増加、代謝機能の順応などと相まって増強されるが、平地における程度には至らない。

気圧低下はさらに浪費呼吸を行わせ、その結果肺胞内の炭酸ガス圧の低下を来し、次いで血液内に過滷《ろ》症を惹起することがある。慣熟により浪費呼吸は消失するが慣れない者には硫化安母を与えるとよい。

高山においては気温が低下する。ゆえに防寒に関し宿営および被服に就いて留意しなければならない。保温、防暑上留意すべきは気温のみではなく、風速、湿度および直射日光を併せて考慮する必要がある。高山の特性として時に風速が増大し、湿度の変化が著しく、また晴天の場合においては直射温の高さに注意を要する。

二、気象の急変

高山においては気象状況が急変することが多いので防雨雪、保温などのための被服その他の準備に遺憾のないことを要する。

三、宿営および休養

高山における宿営地はできれば標高二五〇〇メートル以下に選定するのを可とする。

高山に慣熟していない者は標高二五〇〇メートル以上に宿営すれば高山病を発

生し、戦力を低下しやすく、たとえ酸素吸入を行っても一時的に恢復するのみで、持久的な効果はない。一般に軽重の差はあるが高山においては頭痛があり熟睡できないので、薬物による安眠を講じなければならないことがある。

四、負担量および負担方法

負担量は四〇キロを超えないものとする。

人選と訓練とを適切にすれば五〇キロ以上を負担することができる。

負担量が四〇キロを超えれば体力強健で高山に慣熟した者でない限り一般歩兵と行動をともにすることはできない。負担の方法は負担物の形状、重量などにかかわらず負担物の重心の垂線が薦骨（仙骨、骨盤の後壁）上端と交わる位置に来るようにする。

五、弱兵の選出

高山作戦においては体力が著しく劣る兵は残置するか、もしくはその負担量を極度に軽減する必要がある。

六、給水

高山においては給水源を求めることは困難で、またこれを求め得ても搬水が困難であることが少なくない。ゆえに先発者を派遣し、所要の準備をなすことが必要である。

第七十五　医柩《いきゅう》（薬物などを収容した行李）内容品は運搬が困難であることに鑑み、必要程度に応じ傷者発生と同時に必要な物、隊繃帯所において必要な物、これらの補充用に区分して分割し、人力で搬送しなければならない。

高山における特殊衛生材料の主なものは左のとおりである。

一、酸素吸入装置

対ガス医柩内容品でよいが、酸素筒（ボンベ）の重量を考慮するときは薬物による酸素発生剤および装置を携行することを可とする。

二、背負式担架

坂路においては背負式担架を要する。坂路が急峻でなければ籠式担架が便利である。

三、保温材料

第七十六　救護班は部隊の大小とその編成とにより異なるが、少なくとも三個班として縦長に区分し、状況に応じ主力を中央、もしくは後尾に位置させる。

傷者の処置は停止しなければ行うことができないので、自衛ならびに傷者運搬のため相当の兵力を必要とする。

傷者の運搬は二人伍（二人一組）で行う場合は坂路の傾斜の緩急と高度により異なるが、三〇分毎に交代を要し、背負式においてはさらに半減する。

第二節　馬

第七十七　山嶽地帯における行動は平地に比べて疲労が大きく、特に高山においては人と同様に高山病の影響を受けるため、馬の体力保持上その対策の適否は部隊の行動に大きく影響する。特に考慮すべき点は左のとおりである。

一、行軍部署
行軍部署の良否は体力保持上極めて重要である。

二、高山病
三〇〇〇メートル以上においては人に近い症状を呈する。

三、疲労の恢復ならびに栄養の保持
疲労の恢復ならびに栄養の保持については飢餓の防止、給与量、負担量、栄養剤の加給などに関し考慮を要する。

1、飢餓の防止
馬糧などに粗飼料の給与に勉める。このため野草、樹葉、小樹枝などを積極的に利用し、勉めて大量に食べさせる。

2、給与量

栄養保持上給与量を十分にすることは勿論である。その最小限量に関してはさらに研究を要するが、今回の実験によれば飲水量は少なくとも一日平均一〇立(リットル)とし、標高二五〇〇メートル以下においては築営教範に準じるものとする。

3、負担量

負載品(鞍など)を除き最大量八〇キロとする。ただし全備重量が馬体重の三分の一を超過しないことが非常に重要である。また積載容積が大きいものおよび駄載物の重心の位置によってはさらに減量を要することがある。

4、栄養剤

馬の体力保持上栄養剤の加給は効果がある。

四、肢蹄の保護

肢蹄(ひづめ)保護のためには特殊の保護装蹄を必要とする。また一般に落鉄(蹄鉄が外れる)が多いので、この予防に専任する蹄鉄工兵を必要とする。

五、鞍傷の予防

鞍傷の予防に関しては特に馬背の保護に勉めることが非常に重要である。

六、腰部の保護

降り行軍の歩度は急速にならないよう注意を要する。即ち降り行軍においては一般に歩度が伸展しやすく、そのため馬匹の疲労を増加し、かつ腰部の疾患を生じやすい。また登り行軍においては駄載品の重心位置は平地行軍に比べて後方に転移しやすいので注意を要する。

第七十八　宿営特に山頂における宿営においては気温の低下と風により体温の消失が大きいので毛布、莚などによる馬体の保護、風の障蔽などに留意すること。

第七十九　山地においては体力の強弱が極めて著明に現れるので、固体調査を十分にして体力に応じ積載量を加減することを要する。

予備馬は一〇ないし二〇分の一を必要とする。

付録
断崖通過要領

第一　断崖通過は大きな危険をともなうものであるから、綿密な偵察により適切な進路を選定し、実施にあたっては最も沈着に周密な注意の下に行動するとともに、果敢なる決意と突破しなければ已《や》まない旺盛な敢闘精神とを必要とする。

第二　進路の選定にあたっては断崖全般の状態を観察し、その組成、斜面の景況を考慮し、通常電光形に進路を選ぶものとし、攀登の際は常に下降路を顧慮することを要する。このため特に注意すべき事項は左のとおりである。

一、断崖、急斜面はこれを遠距離より視察するときは通常急峻に見えるので、勉めて接近して攀登の可否を決定する。また傾斜の景況は視察方向により著しく異なって見えるので、各方向より視察することを要し、少なくとも正面および側面よりの視察を必要とする。

二、岸壁順層（俗称「山つき」、岩層が内向きとなったもの）のときは一般に落石などのおそれは少なく手懸り、足懸りは確実で登降は容易であるが、逆層（俗称「前かぶり」、岩層が外向きとなったもの）は岩石が剥脱しやすく危険が大きい。

（第一図）

（第一図　原書八二ページ　第一図参照）

三、草木が繁茂した場所は概ね攀登は容易である。しかし「根張り」が浅く剥脱することがあるので、この利用にあたっては草木の岩石に対する固着の程度をあらかじめ確かめることを要する。

四、攀登に際し手足の支点がある場合であっても、中腹に相当の岩石が突出しているときは攀登が非常に困難となるので、なるべく避ける方がよい。

第三　概略の進路が決定すれば次いで中間目標、確保の地点を選定し、さらに手懸り、足懸りなど細部の偵察を行い、攀登のための順序方法を定める。

通過は各個、組、部隊の通過に区分し各個、組の通過は主として部隊通過施設のため部隊通過に先だち攀登兵が実施するものとする。

第四　各個通過の要領は左のとおりである。

一、通過動作は総て急ぐことなく安全確実を主とする。

二、登降の要領は斜面ならびに岩石の景況により異なるが、通常まず次の手懸り、足懸りを見出し、この堅度を点検した後動作を起し、運歩は常に四肢の中3点で身体を支えつつ、一肢ずつ運び、主として脚で立ち、脚で登降し、腕は単に体を支えるに止めることを要する。

三、眼は進路を注視し、眩暈《めまい》を防ぐため必要以外に妄《みだ》りに下方を見ないことが必要である。

四、足は側面のみ接することなく、足の裏を平に踏むこと。このため体を斜面に過度に接触するのは適当でなく、むしろ体はなるべく斜面から離し、身体の自由を得る方がよい。眼は広く上方を見て進路を誤らないことを要する。常に平衡と律動とを保持するのは運歩を軽快にする基礎である。（第二図）

（第2図　原書八五ページ　第二図参照）

五、登降中方向を変換するにはまず確実な両手の支点を求め、谷脚を踏出した姿勢で体重を両手に托し、徐々に上体および脚を内方へ捻転する。

六、ほとんど手懸りがないときは掌を斜面に密着するようにし、下方の手は指を下方に向けるように着き（逆手）、その位置は体重を支えるのに便利なようにほぼ中央にして、体重を支えつつ片脚ずつ移動して前進する。この際における方向転換は支《し》撐《とう》（ささえる）の力を加え、前述の要領により腰の捻転を円滑に行うことを要する。

七、狭崖、凹角などの攀登においては背と脚との突張による摩擦を利用して登降するのがよい。この場合の姿勢は崖の広狭、岸壁の状況により異なるが、通常両足を揃え膝をやや屈してほぼ水平に横たえ、背および腰を岩に密着させ、両腕を軽く垂れて後崖に接する。攀登に際しては片足により後壁を圧し、両膝を伸ばして身体を持上げ、掌は片方を後壁に、片方を前壁に置いて突っ張り、足の力を補いつつ攀登する。

後壁に突出凸凹がなく、滑りやすい場合には足を前にして両手で後壁を圧しつつ持上げ、次いで片足ずつ上に挙げて攀登するのを可とすることがある。この際の降下も攀登に準じて行う。（第三図）

第五　組の通過には綱および人梯による通過がある。その要領は左のとおりである。

（第三図　原書八七ページ　第三図参照）

一、綱による通過

1、この方法は三人または二人の身体に同一の綱を縛着し、相互連携幇助をしながら登降するもので、大きな断崖を通過する場合に用い、各個人の攀登降下要領は各個通過の場合に準じる。

綱は登山綱（または強い麻綱）を使用する。通常長さ三〇メートルのものを用いる。

2、綱は3人（2人）等分し、両端および中間を左の要領で縛着する。

①先頭兵、後尾兵　もやい結び

②中央兵　中間結び

3、人選は攀登（降下）の場合左の標準に従うものとする。

①先頭兵　技量上位（中位）の者

②中央兵　技量下位の者
③後尾兵　技量中位（上位）の者
4、断崖登降の要領は1名ずつ行動し、他の者はこの間これに協力してその行動を容易にし、かつ墜落を防止するため綱により確保する。
各人の通過要領は各個通過の要領による。（第四図）
（第四図　原書八九ページ　第四図参照）
5、確保の要領は岩角あるいは磨皺（岩壁の凹部）、樹木などを利用して確実な支撐点を求め、あるいは自己の身体に綱を託して登降者の行動にしたがって綱を操作し、もし墜落しそうなときはこれを確実に支えられる姿勢と準備とにあることを要する。この際綱の磨損を防ぐため、岩角には布あるいは皮などを当てる着意が必要である。
6、登降の順序はまず先頭、次いで中央とし、爾後は先頭、後尾、中央の順とする。二人の場合は交互に行う。前進にあたっては他の者が確保の位置についたのを認めた後行動することを要する。
7、各人の前進停止は相互に合図または音声により密に連絡することが必要である。相互に目視できない場合は特にそうである。

8、前進距離は相互の確保および連携を密にするため過度に大きくすることなく、小刻みに行うことを可とする。

9、綱の結び目は先頭兵に準じて行う。

10、登降に際し綱を強く張り過ぎ、実施者の行動を妨害しないこと。また緩過ぎて不慮の際機を失することのないよう注意を要する。

11、下方にある者は常に上方の者に注意し、不意に転落してくる岩石により危害を被らないよう注意を要する。

12、断崖を降下する場合においても攀登の要領と同じように実施するのを通常とするが、状況により捨綱（輪綱）および補助綱を利用して降下することがある。その要領は次のとおりである。

①綱の垂下法は第5図のように輪綱を確実に岩角などに懸け、登降用綱をこれに通し、補助綱を輪綱に結ぶ。補助綱は輪綱を取るために使用する。岩角などに懸吊するときはあらかじめ十分に調査し、確実に輪綱を懸け、かつ結び目を岩角に接しないよう注意することを要する。

（第五図　原書九一ページ　第五図参照）

②下降法

腰掛式（肩がらみ）（第六図）

距離が大きい場合に行う。実施は比較的容易で大きな安全感を与える。また両足を自由に動かし得る有利がある。

綱は股間より腋下に廻し、胸の上方を経て肩より背に至って背面に取り、両手で調節しつつ操る。

（第六図　原書九三ページ　第六図参照）

纏繞《てんじよう》式　距離が小さい懸崖（がけ）の場合に用いる。（第七図）

綱は跨《こ》の外部より内側に廻し、同足の外側を経て靴底より他の足の甲に出るよう纏繞し、両手で調節しつつ降下する。

（第七図　原書九四ページ　第七図参照）

二、人梯による通過（第八図）

1、本方法は体操教範に示す要領特に依托人梯の要領により、小断崖に対し数人協同連繋して行うものである。

2、人梯を利用して断崖上に達した者は腕、脚あるいは綱などにより下方の者を引上げるものとする。

3、人梯を構成するにあたっては基梯となる者の足場に注意し、要すれば若干工事を施すことを要する。これは断崖下の足場は多く踵部が降下しているため、支撐が極めて困難であるからである。ゆえに改修にあたっては足尖の部分を少し下向するようにすれば確保しやすくなる。

4、人梯を解くときは瓦解して外傷を生じないよう徐々に屈して解くことを要する。この際上方の者は樹木、草、岩壁などを利用すれば容易である。ただし岩、草、木に頼るときはあらかじめよく確めて不慮の危害のないよう注意を要する。

5、このほか人梯は単に手懸り、足懸りを求めるために利用することが多い。二人組の攀登において特にそうである。

6、攀登兵の足を支持して攀登を幇助することがある。この場合においては攀登兵の支持足を岩壁に接し、支点を堅固にすることを要する。

（第八図　原書九六ページ　第八図参照）

第六　部隊通過の要領は左のとおりである。

一、山嶽地帯に行動する部隊はあらかじめ部隊にて教育した攀登兵または臨時教育した運動能力優秀な兵をもって進路開設隊（部隊の大小により異なるが、歩兵大隊では約一小隊の兵力）を編成し、部隊長が直轄して使用し進路の偵察、開設にあたらせる。

二、断崖に遭遇した場合においても地形、戦況特に敵情が許せば迂回により断崖を避ける方がよい。ゆえに部隊長は断崖一般の景況なかんずく障害の程度ならびに戦況を考慮して、断崖を攀登すべきかあるいは迂回すべきかを決定することを要する。

三、部隊の断崖通過一般の要領はその障害の程度により異なるが、まず若干の先登兵に各個通過あるいは組通過の要領により攀登させ、その後補助綱により綱、縄梯子などを引上げ、これを断崖に懸吊して部隊主力を通過させるのを通常とする。この場合において一般に注意すべき事項は左のとおりである。

1、進路上に断崖があることを予期すれば、速やかに斥候（先登兵を可とする）を派遣し、あらかじめ進路を選定し、かつ断崖の景況に応じて先登兵を先進させ、部隊主力の到着に先だち通過の設備を行わせることが必要である。

2、懸吊する綱、縄梯子などは大小に応じてその数を適切にし、死節時（遅延時間）を少なくし、もって通過速度を減少させないことを要する。

3、数段にわたり断崖がある場合においては、各断崖に対し部隊の通過前に先登兵に通過設備を行わせるよう部署することを要する。

4、進路開設隊は勉めて保存し、大きな断崖のみに使用することが必要である。

軽易な断崖は一般兵において実施しなければならない。そうでなければ進路開設隊は過労に陥り、最も緊要な時期に余力がなく、不慮の危害を被ることがあるからである。

5、進路開設隊が設備した綱などにより部隊の一部が通過すれば、進路開設隊の綱のみに頼ることなく、自隊においても綱、梯子などを懸吊して通過を速くする着意が必要である。

四、各種地形において軽易な綱の操法に慣熟するのは機動力増大に大きな効果がある。ゆえに一般兵であっても綱の使用法を会得することを要する。（第九図）

（第九図　原書九九ページ　第九図参照）

五、縄梯子の登降要領は体操教範に準じる。ただし離梯する際体重の変移により梯索が滑走動揺することがあるので注意を要する。（第一〇図）

吊下地点において梯を保持して幇助するのは有利である。

（第一〇図　原書一〇〇ページ　第一〇図参照）

六、単綱による登降は通常綱を身体の中央にて操作し、なるべく真直に登り、脚は勉めて岩壁に直角に足裏を平に着け、片脚ずつ反動を取りつつ登降することを可とする。

綱は三〇センチ毎に結節を作る。これは把握が容易で防滑の利があるからである。

七、部隊が断崖を通過するにあたっては通過地点に将校もしくは下士官を配置して通過の要領、順序などを指導することを要する。また崖上、崖下あるいは中間の要点には所要の人員を配置して、登降者に適宜指示を与え、あるいは幇助して通過を容易にし、かつ危害を予防することを要する。

八、兵器、物料はなるべく人の登降と同時に各人が携行するのを可とするが、大きな断崖あるいは重火器などのように重い兵器、物料は綱を吊下して上方より引上げるのを通常とする。この際滑車を利用することを適当とする。(滑車の項参照)

九、兵器、物料引上げのための綱吊下の位置は岩壁に凸凹、樹木が少なく、かつ崖上の確保が確実な場所に選定することを要する。

十、引上げ物料は綱との結着を確実にし、覆あるいは蓆などで包み、引上げに際し磨損を防ぐことが非常に大切である。

十一、綱、摩車などは磨損、破損が多いため、予備品を準備する必要がある。

十二、登降能力の基準

岩壁の状況、傾斜などにより著しく異なるが、傾斜七〇度、高さ三〇メートルの断崖において攀登のためには組により行う場合約一五分、綱を利用する場合一人約三分を要し、また降下のためには綱を利用する場合一人約三分を要する。

第七　危害予防に関しては終始深甚な注意を払うことを要する。特に注意すべき事項は左のとおりである。

一、実施に先だち準備運動を十分に行い、身心に準備を与えることを要する。疲労時において特にそうである。運動は腕、平均、頭の運動などを必要とする。

二、器材の整備、点検を綿密確実に行い、かつ登降場の岩質、土質の特性に留意することが必要である。

三、危害は危険が大きな場所の通過よりむしろ攀登の終了直後あるいはまさに降下し終わろうとするとき、あるいは一見して軽易な断崖であるときなど、精神上に緩みを来たす場合に多いので、通過の終始を通じて精神を緊張し、軽挙を慎むことが非常に大切である。

第八　器材を整備し、その使用法に慣熟するのは断崖通過のため重要で欠くべからざるものである。ゆえにこの取扱にあたっては常に尊重、愛護しなければならない。

一、主要な使用器材

1、登山綱

麻糸を撚った中径一一ないし一二ミリの綱を可とし、長さ三〇メートル内外、重さ約四キロとする。

2、輪綱（捨綱）

登山綱と同質のもので、中径約七〇センチないし一メートルの輪としたもの。降下の場合岩角などに懸け使用する。（第六図）

3、補助綱

梯および索などの引上げ用あるいは降下の際輪綱を取るのに用いる。細い紡績糸でよい。

4、断崖通過用の履物

地下足袋、草鞋は攀登に適する。軍靴など皮底の靴は滑るので不適当である。このような履物がない場合は断崖の通過時期のみ裸足で行うことを可とする。ただし寒地では登山靴を要する。

5、縄梯子（第一一図）

抗力十分な麻綱を撚ったもので製作し、柱索および索桟は分解できること。索桟は登降の際屈撓することが多いので、木桟を準備できれば登降が容易である。

（第一一図　原書一〇四ページ　第一一図参照）

6、十字鍬
現用のもので可。

7、岩釘（第一二、一三図）
金杭、岩面、岩皺に打ち入れて手懸り、足懸りとする。

（第一二、一三図　原書一〇五ページ　第一二、一三図参照）

8、その他雪渓には金樏（鉄製で靴の裏面に縛着する）を必要とし警笛、懐中電灯、磁石、滑車などを携行する。

二、綱の使用法

1、綱の操法に慣熟するのは断崖登降を軽快かつ容易にするため極めて重要である。すなわち綱は組、各人間を結合し、相互連携幇助の基礎となり、かつ危害を予防し、あるいは部隊通過において先頭兵の吊下した綱により登降するなど、その使用範囲は頗る広い。

2、綱の結び方は簡単でかつ夜間であっても実施できなければならない。また使用中緩みあるいは固く締まらないことが必要である。

3、結び目の位置は通常右手利きの者は左腋に接し、胸の上部とする。

通常用いられる結び目は左のとおりである。（第一四図）
①もやい結　先頭兵および後尾兵が用い、操作簡単で確実である。最も多く使用する。
②二重結　一本を胸に、1本を肩に通して綱の「スリ抜ケ」を防ぐのに利があるが、結び目が大きくなる害がある。初心者、傷者、疲労した場合に便利である。
③中間結　中央者に用いられ、操作は簡単である。
④こま結　綱を繋ぐのに用いる。
（第一四図　原書一〇八ページ　第一四図参照）
4、綱の巻き方ならびに携行法
綱の巻き方は運搬容易で使用にあたり撚れないことが重要である。
肩に掛けて行う場合（長距離使用しない場合に用いる）（第一五ないし一七図）
（第一五〜一七図　原書一一〇ページ　第一五〜一七図参照）
第九　最も困難な局地における人力搬送の要領は左のとおりである。
一、歩兵の重火器は分解し、背負子搬送によることを有利とする。断崖、急斜面、雪渓、その他足場不良で重負担のため運歩の確実を欠き、身体の安定不良となり、滑り、躓き、転落などのおそれがある場合においては直接搬送者の身辺に幇助者を付し、負担物を支持してその重量を軽減させ、あるいは身体を幇助して動作を容易にすることを要する。また負担物あるいは身体に綱を縛着し、これをやや離隔した地点において支持して通過動作を援助するなど各種の手段を講じることを要する。その一例を第一八ないし第二一図に示す。

（第一八～二一図　原書一一三～一一五ページ　第一八～二一図参照）

二、山砲その他重量兵器、器材の人力搬送

1、山砲の人力搬送

①背負子、担棒、竹桿による搬送

本法は比較的長距離にわたり実施するもので、普通分解した各部品の重量、形状が異なるので、これに応じ一人で背負子に負い、あるいは担棒、竹桿に部品を縛着し二人協同して肩に担って搬送するものがある。前者は重量を概ね全身に負担し、後者の身体の一部肩に負担するものに比べて持続性があり、運動が容易である。いずれにしても実験の結果から見て、砲手の平均体重を約六〇キロとするときは、その負担量は概ね五〇キロを限度とする。

②応用材料によることなく直接肩による搬送

本法は短距離で状況が急を要する場合に実施するもので、各部品に対する人員の部署は左表のとおりである。

本法によって一気に搬送できる距離は状況、地形、天候、気象などにより異なるが、訓練周到な部隊では良好な条件下で概ね五〇〇ないし八〇〇メートルである。

人員部署表

部品右脚（重量五七kg）配当人員一名
左脚（五七kg）一名
砲尾（三七kg）一名
車輪（七一kg）一名
遥架（九七kg）二名
弾薬箱（六〇kg）一〇名
砲身（九四kg）二名
防楯（二二kg）一名
器具箱（四〇kg）一名
砲架（九二kg）二名

合計二二名

2、通信器材その他重量資材あるいは糧秣などの人力搬送は通常背負子による担送を有利とし、その要領は概ね山砲に準じる。

ＮＦ文庫
復刻版 日本軍教本シリーズ
「山嶽地帯行動ノ参考　秘」
二〇二四年四月二十三日　第一刷発行
編　者　佐山二郎
発行者　赤堀正卓
発行所　株式会社　潮書房光人新社
〒100-8077　東京都千代田区大手町一-七-二
電話／〇三-六二八一-九八九一(代)
印刷・製本　中央精版印刷株式会社
定価はカバーに表示してあります
乱丁・落丁のものはお取りかえ
致します。本文は中性紙を使用
ISBN978-4-7698-3354-3　C0195
http://www.kojinsha.co.jp

NF文庫

刊行のことば

第二次世界大戦の戦火が熄《や》んで五〇年――その間、小社は夥しい数の戦争の記録を渉猟し、発掘し、常に公正なる立場を貫いて書誌とし、大方の絶讃を博して今日に及ぶが、その源は、散華された世代への熱き思い入れであり、同時に、その記録を誌して平和の礎とし、後世に伝えんとするにある。

小社の出版物は、戦記、伝記、文学、エッセイ、写真集、その他、すでに一、〇〇〇点を越え、加えて戦後五〇年になんなんとするを契機として、「光人社NF（ノンフィクション）文庫」を創刊して、読者諸賢の熱烈要望におこたえする次第である。人生のバイブルとして、心弱きときの活性の糧《かて》として、散華の世代からの感動の肉声に、あなたもぜひ、耳を傾けて下さい。